AF451696

ARITHMÉTIQUE LEYSSENNE

Exercices et Problèmes de Deuxième année

EMPRUNTÉS

au commerce, à l'industrie, à l'agriculture et à la vie pratique

OU DONNÉS DANS LES EXAMENS

DU CERTIFICAT D'ÉTUDES ET DES BREVETS DE CAPACITÉ

COMPOSÉS OU RECUEILLIS PAR

P. LEYSSENNE   **&**   **A.-F. CUIR**

Inspecteur général honoraire
de l'Enseignement primaire.

Inspecteur honoraire
de l'Enseignement primaire.

ÉDITION CORRIGÉE

contenant les

**Signes abréviatifs officiels des unités
du Système métrique**

LIBRAIRIE ARMAND COLIN

5, RUE DE MÉZIÈRES, 5, PARIS

1911

(51ᵉ *Édition*)

PRÉFACE

Notre *Deuxième Année d'Arithmétique* a été accueillie avec une faveur exceptionnelle. L'étendue du volume, conséquence forcée de la variété des matières qu'il renferme, loin de nuire au succès du livre, y a plutôt contribué pour une grande part.

Nous attribuons cet accueil sympathique à la simplicité que nous nous sommes efforcé de mettre dans nos leçons, au caractère pratique que nous nous sommes appliqué à donner au livre, enfin et surtout au *grand nombre de problèmes* que nous y avons réunis

En effet, l'étude de l'arithmétique, même élémentaire, n'en reste pas moins une science abstraite dont les procédés sont toujours difficiles à retenir, et surtout difficiles à comprendre par les intelligences jeunes, mobiles, des enfants de nos écoles. Le seul moyen de lever cette difficulté, c'est de joindre constamment l'exemple au précepte, c'est d'appuyer chaque règle de plusieurs exercices gradués, de *multiplier les problèmes*, les applications pratiques, de prendre les exemples dans les usages de la vie, dans les opérations commerciales, industrielles, agricoles, que l'enfant a sous les yeux.

Nous nous sommes placé à ce point de vue en publiant ce nouveau *Recueil de problèmes*, complément obligé du cours de *Deuxième Année*.

Nous avons l'espoir que ce Recueil répondra à lui seul à tous les besoins des Maîtres. Ils y trouveront le nombre, le choix, la variété, la gradation, l'intérêt des questions. Des récapitulations partielles fréquentes, une longue récapitulation générale, et une multitude de problèmes donnés dans les examens pour le *certificat d'études*, pour les différents *brevets de capacité*, pour l'admission aux *écoles pratiques* et aux *écoles normales*, font de ce Recueil un livre nouveau, qui peut s'adapter à toutes les méthodes, à tous les traités d'Arithmétique, et suffire à toutes les exigences de l'enseignement le plus sérieux et le plus complet.

Pour donner à l'ouvrage le caractère pratique qui lui était indispensable, nous nous sommes adjoint un maître expérimenté, M. Cuir, inspecteur de l'enseignement primaire, auteur de différents ouvrages appréciés du corps enseignant, et dont la collaboration, nous aimons à le reconnaître, nous a été des plus précieuses.

PROBLÈMES D'ARITHMÉTIQUE

DE DEUXIÈME ANNÉE

CHAPITRE PREMIER

PROBLÈMES SUR LES QUATRE OPÉRATIONS.

1. — Le son parcourt 340 mètres par seconde. S'il rencontre un obstacle, il revient vers le point d'émission; c'est ce qui constitue l'écho. A quelle distance d'un écho se trouve un observateur qui entend au bout de 3 secondes les paroles qu'il prononce?

2. — Une personne achète $1^m,25$ de drap à 15 fr. le mètre pour faire un pantalon, et 1 mètre de toile à $1^f,25$ pour doublure. Le prix de la façon étant 3 fr., à combien revient le pantalon?

3. — Une mésange mange au moins 50 chenilles par jour. Des enfants ont déniché 5 nids de mésanges renfermant en moyenne chacun 12 petits. Combien ces 5 couvées auraient-elles détruit de chenilles en 1 an?

4. — On a employé 48 feuilles d'impression pour un ouvrage qui a 4 volumes in-8° (prononcez : in-octavo). Le format d'un ouvrage est in-8° lorsque chaque feuille d'impression a été pliée en 8, ce qui fait 16 pages. Quel est le nombre de pages de chacun des 4 volumes de cet ouvrage?

5. — Une couturière a fait en 15 jours 3 douzaines de camisoles qui lui sont payées $4^f,75$ pièce. Combien a-t-elle gagné par jour, si elle a fourni de l'étoffe à $1^f,75$ le mètre, à raison de 2 mètres par camisole, et si l'on estime à $0^f,50$ par camisole, la dépense de boutons, fil et aiguilles?

6. — On a calculé qu'une hirondelle pouvait détruire journellement 500 insectes. Comme elle reste 6 mois dans nos pays, on demande combien d'insectes sont ainsi détruits pendant ce temps dans une localité où il y a 600 nids de ces utiles oiseaux? On ne comptera que 3 mois pour les petits (6 par nid en moyenne), et les mois seront comptés de 30 jours.

7. — Une marchande de pommes trouve à vendre 3 paniers de pommes en bloc pour 13 fr. Elle préfère les vendre en détail.

De la sorte elle en vend un panier de 125 à 0ʳ,95 les 25 pommes, un autre de 150 à 3ʳ,90 le cent et un troisième de 120 à raison de 3 pommes pour 0ʳ,10. Combien a-t-elle gagné à les vendre en détail ?

8. — Un ouvrier gagne 3ʳ,25 par jour et dépense en moyenne 1ʳ,75 par jour aussi. Mais il a l'habitude de *faire le lundi*, et fait ce jour-là une dépense supplémentaire de 3ʳ,50 en moyenne. Le mardi, il ne commence sa journée qu'à midi. Il est vrai qu'il travaille le dimanche. S'il se reposait le dimanche et travaillait tous les autres jours, combien aurait-il de plus à la fin de l'année ? Trouvez le montant de ses économies dans les deux cas.

9. — Un colporteur a vendu dans sa journée 25 cahiers de papier à lettres à 0ʳ,10, 15 almanachs à 0ʳ,30 et 18 crayons à 0ʳ,05. Combien a-t-il gagné, sachant qu'il achète le papier à lettres 4 fr. la rame (80 cahiers), les almanachs 2ʳ,60 la douzaine (avec le treizième gratis), et les crayons 3ʳ,60 la grosse* ?

10. — Un meunier a fait un traité avec un boulanger pour lui livrer pendant 3 mois 1 voiture de 25 sacs de farine par quinzaine au prix de 72 fr. le sac. Pendant les 6 quinzaines qu'a duré ce marché la farine a valu successivement : 74 fr., 76 fr., 70 fr., 65 fr., 60 fr. et 58 fr. le sac. Combien le meunier a-t-il gagné à ce marché ?

11. — Lorsque le papier était frappé d'un impôt de 10 fr. par 100 kilogr., quel accroissement de dépense annuelle subissait une maison de commerce qui employait par jour 4 rames* de papier pesant 5 kilogr. la rame ?

12. — Deux courriers partent à 5 heures du matin l'un de Chartres et l'autre de Paris, se dirigeant l'un vers l'autre. La distance de ces 2 villes est 90 kilom. Le premier fait 6 kilom. à l'heure, et le deuxième 9 kilom. A quelle heure et à quelle distance des deux villes se rencontreront-ils ?

13. — Une dame use dans son année 3 robes ordinaires, faites d'une étoffe qui coûte 2 fr. le mètre. Il en faut 8 mètres par robe. Il faut pour doubler le corsage 2 mètres d'étoffe à 1ʳ,25 le mètre. On doit ajouter 1 fr. pour fil, aiguilles et boutons. La couturière qui coûte, nourriture comprise, 4ʳ,80 par jour, emploie 1 journée 1/3 à la confection d'une robe. Combien cette personne dépense-t-elle par an pour ses 3 robes ?

14. — Dans une maison on brûle en moyenne, du 1ᵉʳ octobre au 31 mars, 3 bougies tous les 2 jours, et le reste de l'année, une tous les 3 jours. Quelle est, pour cet usage, la dépense annuelle, sachant que l'on achète la bougie 0ʳ,70 le paquet d'un demi-kilogr. renfermant 8 bougies ?

15. — Combien coûtera une édition de 5 000 volumes in-12 de 168 pages (le format d'un ouvrage est in-12 lorsque chaque feuille d'impression a été pliée en 12, ce qui fait 24 pages)? La composition typographique coûte 2 fr. par page, et le papier, tirage compris, coûte 25 fr. la rame de 20 mains. La main a 25 feuilles. Le relieur demande 0ᶠ,10 par volume.

16. — Un amateur de chasse a 2 gardes payés chacun 1200 fr.; il paie annuellement aux riverains, pour dégât causé par son gibier, 5 000 fr.; il fait élever 1000 perdrix et faisans qui lui reviennent à 6 fr. pièce. Il a à payer son permis de chasse et celui de ses deux gardes (28 fr. par permis), ainsi que l'impôt de 10 chiens (8 fr. par chien). La nourriture de chaque chien lui coûte mensuellement 12 fr. Chaque jour de grande chasse, une fois par semaine pendant 20 semaines, lui coûte 20 fr. (salaire des rabatteurs). Il paie annuellement 436 fr. pour la destruction des bêtes fauves. Pendant la chasse, il est tué 1200 pièces de gibier et tiré 4 coups de fusil pour une pièce. Le cent de cartouches coûtant 20 fr., à combien, sans tenir compte des autres dépenses, revient en moyenne chaque pièce tuée pendant la saison de la chasse?

17. — Un libraire a acheté 25 milliers de plumes qu'il a payées, savoir : la moitié à 9 fr le 1000, et l'autre moitié à 1ᶠ,10 le 100 : combien lui coûte le tout?

18. — Dans un atelier il y a des hommes, des femmes et des enfants : il y a 3 fois plus d'hommes que d'enfants, et le nombre de ces derniers est moitié de celui des femmes. Les hommes gagnent 5ᶠ,25 par jour, les femmes 2ᶠ,25, et les enfants 1ᶠ,50. Combien y a-t-il d'hommes, de femmes et d'enfants, sachant que le samedi soir la paye totale de la semaine se monte à 783 fr.?

19. — Un marchand coutelier a acheté en fabrique 600 couteaux de table qu'il a payés à raison de 7ᶠ,80 la douzaine, et il a reçu le treizième gratis : sachant qu'il a revendu tous ses couteaux 0ᶠ,80 pièce, on demande combien il a gagné sur ce marché,

20. — Un marchand de nouveautés qui devait de l'argent à son boulanger lui remet en paiement un coupon de 40 mètres de toile à 1ᶠ,60. Alors le boulanger doit lui redonner 10 kilogr. de pain. Le pain valant 0ᶠ,20 le demi-kilogr., combien le boulanger avait-il fourni au marchand de pains de 2 kilogr.?

21. — Dans une fabrique où il y a 15 hommes et 8 enfants on a payé le samedi 342 fr. pour la semaine. Quel est le gain journalier d'un homme et d'un enfant, sachant que les enfants gagnent moitié moins que les hommes?

22. — On veut partager 1622ᶠ,50 entre 4 personnes de manière que la première ait 40 fr. de plus que la deuxième; celle-ci 60 fr. de plus que la troisième et la troisième 87ᶠ,50 de plus que la quatrième. Quelle sera la part de chaque personne?

23. — Un libraire avait acheté des plumes à 8 fr. le 1000, et il dit qu'en revendant 0ᶠ,35 le paquet de 25, il a gagné 90 fr. : on demande de trouver combien il a acheté et revendu de plumes.

24. — Dans un atelier, il y a 25 ouvriers, payés les uns à raison de 3 fr. par jour, et les autres à raison de 3^f,75. Le samedi soir, il a été déboursé pour la paye de la semaine une somme de 486 fr. Combien y a-t-il d'ouvriers de chaque catégorie?

25. — Une fermière a donné 9 kilogr. de beurre et 2^f,70 en argent pour avoir 1^m,80 de drap. Si elle avait donné 3 kilogr. de beurre de plus et pas d'argent, elle aurait eu 2^m,16 de drap. On demande le prix du kilogr. de beurre et du mètre de drap.

AUTRES PROBLÈMES SUR LES QUATRE OPÉRATIONS

DONNÉS DANS LES CONCOURS OU DANS LES EXAMENS.

26. — Expliquer la théorie de la soustraction des nombres entiers sur l'exemple suivant : du nombre 80 047 soustraire 42 683.
(Brevet élémentaire.)

27. — Expliquez le cas de la division de 2 nombres composés de plusieurs chiffres, l'un de ces nombres contenant l'autre au moins une fois et moins de 10 fois.
(Brevet élémentaire.)

28. — Quelle sera la dépense annuelle d'un père pour son fils pensionnaire dans un établissement d'instruction si cette dépense se décompose de la manière suivante :

1° Prix de la pension : 135 fr. par trimestre* ;
2° Blanchissage : 3^f,40 par mois ;
3° Chaussure : 5 paires de souliers à 9^f,75 l'une ;
4° Effets d'habillement : 33 fr. par semestre* ;
5° 19 mains de papier à 5^f,40 la rame de 20 mains ;
6° 21 crayons à 0^{f}40 la douzaine ;
7° 16 douzaines de plumes à 1^f,35 la grosse* ;
8° Menus plaisirs : 50 fr. par an.
(Concours pour l'admission à l'école normale.)

29. — Une personne qui veut meubler son salon achète à une vente un canapé 239 fr. ; 2 fauteuils à 48 fr. chacun ; 6 chaises à 9 fr. l'une ; une pendule 250 fr. Elle paie 64 fr. pour droits de vente au commissaire priseur*. Combien lui reste-t-il sur une somme de 1000 fr. qu'elle avait destinée à meubler son salon? — Avec ce reste elle achète encore une paire de chenets de 12 fr. et des draps à raison de 19 fr. chacun; combien achète-t-elle de draps?
(Brevet élémentaire.)

30. — Un ménage a dépensé 1 300 fr. dans les 7 premiers mois de l'année. De combien faut-il diminuer la dépense de chaque jour pour que la dépense totale ne soit que de 2 000 fr. L'année n'est pas bissextile*, et les mois sont comptés avec le nombre de jours qu'ils ont réellement.

(Brevet élémentaire.)

31. — Un père de famille gagne 4^f,50 par jour. Il veut économiser 250 fr. par an; il se repose le dimanche et 8 jours de fêtes; combien peut-il dépenser par jour?

(Certificat d'études primaires.)

32. — Une famille composée de 6 personnes gagne en moyenne 8^f,75 par jour, et travaille 304 jours dans l'année; à la fin de l'année on met 80 fr. à la caisse d'épargne sur la tête de chacun de ses membres; on demande à combien s'est élevée la dépense journalière.

(Certificat d'études primaires.)

33. — Une fermière a fourni 33 litres de lait à 0^f,52 l'un. plus 16^l,25 à 0^f,58. — Se dispensant de tout calcul, elle accepte en paiement 25 fr. On demande si elle a reçu trop ou trop peu.

(Certificat d'études primaires.)

34. — Une mère de famille veut donner une douzaine de chemises à sa fille et achète 36 mètres de toile à 1^f,35 le mètre. Chaque chemise exige 2^m,65 d'étoffe, et coûte pour façon 1^f,15. On demande combien coûtera la douzaine de chemises, ce qu'il restera d'étoffe et combien la jeune fille aurait gagné en faisant elle-même le travail.

(Certificat d'études primaires.)

35. — Une marchande achète 15 douzaines de pêches à 1^f,20 la douzaine. On lui donne la treizième par-dessus la douzaine. Après en avoir offert gratuitement 10 à des personnes malades. elle vend le reste 0^f,15 pièce. Quel est son bénéfice?

(Certificat d'études primaires.)

36. — Dans une petite ferme on a fait 45 kilogr. de beurre dans la semaine. Porté au marché, ce beurre se vend 1^f,27 le demi-kilogr., au début. La fermière, arrivée tard, vend la provision 97^f,20. Combien a-t-elle gagné ou perdu?

(Certificat d'études primaires.)

37. — On a acheté 1 450 œufs, à 75 cent. la douzaine; on les revend à 7^f,85 le 100, mais il s'en trouve 54 de cassés. Quel bénéfice réalise-t-on?

(Brevet élémentaire.)

38. — Pour faire une robe on a acheté 5^m,50 d'une certaine étoffe pour le prix de 35 fr.; en faisant la robe on s'aperçoit qu'il en manque 1^m,75, que l'on se procure au prix du premier achat. On demande quel est le prix de la robe entière, sachant que les fournitures et les garnitures ont coûté 6^f,50.

(Concours pour l'admission aux écoles normales.)

39. — Les huîtres valent 12^f,50 le panier de 50 douzaines; on en a 8 douzaines pour une certaine somme. Quelle est cette somme? Et combien en aurait-on pour la même somme si le panier coûtait 10 fr?

(Certificat d'études primaires.)

40. — Un ouvrier a pris tous les jours, pendant 12 ans, 2 petits verres d'eau-de-vie à 0^f,05 l'un. Combien aurait-il économisé pour sa famille s'il n'avait pas fait cette dépense? S'étant corrigé de cette habitude, combien a-t-il gagné au bout de 9 ans? (Les années sont considérées comme années communes.)

(Certificat d'études primaires.)

41. — Un ouvrier gagne 3^f,75 par jour. Sur les 365 jours de l'année, il faut défalquer 52 dimanches, 10 jours fériés*, et 17 jours de chômage*. Que gagne-t-il par an et que peut-il économiser, si sa dépense annuelle est de 715^f,35?

(Certificat d'études primaires.)

42. — Une mère de famille a 3 enfants. L'entretien en linge de chacun de ses enfants lui coûte : 1° confections de vêtements : par an, 15 fr.; 2° raccommodage : par mois, 1^f,50; 3° blanchissage : par semaine, 0^f,35. Combien épargnerait-elle par an, si elle savait blanchir, coudre et raccommoder?

(Certificat d'études primaires.)

43. — Une fermière a 6 vaches qui lui donnent chacune 10^l,2 de lait par jour, pendant 8 mois chaque année. Elle vend son lait 0^f,20 le litre. A combien s'élève sa recette pour ces 8 mois?

(Certificat d'études primaires.)

44. — Une mère de famille achète pour faire des chemises une pièce de toile de 76^m,25 à raison de 2^f,20 le mètre. Il faut 3^m,05 de toile pour une chemise et on paye en outre 2^f,50 de façon. Dire, d'après cela, le prix de revient d'une seule chemise et la somme totale dépensée par cette personne.

(Certificat d'études primaires.)

45. — La dépense d'un ménage s'est élevée du 1er janvier au 10 octobre, à 1845^f,50. De combien a-t-il fallu diminuer la dépense de chaque jour pour que la dépense totale de l'année ne s'élève qu'à 2 200 fr.?

(Certificat d'études primaires.)

46. — Une pièce de drap de 25 mètres a été payée à raison de 12 fr. le mètre. Le tout a été revendu 386^f,25. Quel a été le bénéfice sur chaque mètre?

(Certificat d'études primaires.)

47. — On a acheté une pièce de calicot de 80 mètres que l'on a payée 92 fr. et avec laquelle on a confectionné 2 douzaines de chemises. On demande : 1° le prix du mètre d'étoffe; 2° le prix de chaque chemise, sachant que la façon des 2 douzaines a coûté 34 fr.

(Certificat d'études primaires.)

48. — Un ouvrier dépense 2^f,75 par jour pour l'entretien de sa maison; au bout d'un an, après avoir payé ses dépenses avec le gain qu'il a fait, en travaillant 25 jours par mois, il trouve qu'il a mis de côté 196^f,25. Combien gagne-t-il par jour de travail ?
(Brevet élémentaire.)

49. — Une ménagère fait confectionner 5 douzaines de chemises, avec une toile qui coûte 1^f,75 le mètre. Il faut 2^m,50 pour une chemise et l'on donne 10 fr. par semaine à l'ouvrière chargée de ce travail. Cette ouvrière fait 2 chemises tous les 3 jours et elle travaille 6 jours par semaine. Calculer la dépense totale et le prix de revient d'une chemise.
(Certificat d'études primaires.)

50. — Une compagnie d'ouvriers peut faire 456^m,50 d'ouvrage par jour, et reçoit 0^f,45 par mètre. Quelle somme est due à 13 compagnies semblables à la première pour un travail de 37 jours ?
(Certificat d'études primaires.)

51. — Une ménagère se présente dans un magasin et demande pour 6^f,50 d'un drap qui se vend 26 fr. le mètre : quelle longueur doit-on lui donner ?
(Certificat d'études primaires.)

52. — Expliquer la division d'un nombre entier (473 028) par un nombre entier (567). Faire connaître dans quel cas le quotient de la division de deux nombres est plus grand que le dividende. Explication raisonnée du principe.
(Brevet élémentaire.)

53. — Comment fait-on la preuve de la division? Peut-on appliquer à la division la preuve par 9 ?
(Brevet élémentaire.)

54. — Le 1er mars, on achète 148 mètres d'étoffe à 2^f,75 le mètre; 15 jours plus tard la même étoffe a baissé de 0^f,20 par mètre, et on en achète alors 200 mètres. On veut revendre le tout au détail et au même prix, en gagnant 55 fr. Quel doit être le prix de vente d'un mètre ?
(Certificat d'études primaires.)

55. — Paul applique, dans le jardin de son père, les leçons d'arboriculture qu'il reçoit à l'école. Après avoir amélioré, par la greffe, les espèces déjà plantées, il a semé, dans une plate-bande convenablement préparée, 17 douzaines de noyaux de pêche, qu'il a payés 0^f,15 le 100. Ce semis lui a donné 119 sujets de belle venue, qu'il a greffés et vendus 0^f,30 l'un. Il a greffé sur des boutures de cognassier, qui ne coûtent rien, 150 poiriers d'espèces variées, qui ont produit ensemble 56^f,35. On demande : 1° ce que coûtent les noyaux; 2° le prix d'un seul poirier; 3° le montant des deux ventes.
(Certificat d'études primaires.)

1.

56. — Une pièce de ruban de $45^m,80$ a été achetée à raison de 6 mètres pour 45 cent. On l'a vendue à raison de 8 mètres pour 1 fr. Combien a-t-on gagné?

(Certificat d'études primaires.)

57. — Une couturière a acheté, à raison de $1^r,20$ le mètre, une pièce de toile de $53^m,55$ avec laquelle elle a confectionné 17 chemises; elle a dépensé, en outre, pour $3^r,40$ de boutons, fil et autres menues fournitures, et a employé 15 jours à cet ouvrage. Dites combien elle devra vendre chaque chemise pour que sa journée de travail lui soit payée $1^r,70$.

(Certificat d'études primaires.)

58. — Diviser 95 796 348 par 387 569. Expliquer comment on a pu reconnaître, à première vue, que la partie entière du quotient ne contiendrait que 3 chiffres.

(Brevet élémentaire.)

59. — Un ouvrier qui gagne $3^r,25$ par jour de travail, dépense, en moyenne, $2^r,10$ par jour. Combien peut-il économiser dans une année de 365 jours, s'il s'abstient de travailler les 52 dimanches et 4 jours de fêtes.

(Certificat d'études primaires.)

60. — On vend une pièce d'étoffe de $13^m,50$ par coupons de $0^m,75$ à raison de $4^r,80$ le coupon. Trouver : 1° le prix d'un mètre; 2° la somme que l'on recevra pour toute la pièce.

(Certificat d'études primaires.)

61. — Une pièce d'étoffe de $32^m,50$ a coûté 78 fr. On en prend $7^m,60$ pour faire une robe; on emploie en outre $2^m,85$ de doublure à $0^r,80$ le mètre, et on paie à la couturière $4^r,30$ de façon. Trouver le prix de la robe.

(Certificat d'études primaires.)

62. — On a acheté 25 mètres de drap et 18 mètres de soie pour 479 fr. Un mètre de drap coûtant $3^r,25$ de plus qu'un mètre de soie, trouver le prix d'un mètre de drap et celui d'un mètre de soie.

(Certificat d'études primaires.)

63. — On a acheté 672 œufs à $8^r,50$ le cent; on les a revendus $1^r,25$ la douzaine. Combien a-t-on gagné?

(Certificat d'études primaires.)

64. — Une ménagère achète, au prix de $2^r,15$ le mètre, assez de toile écrue pour faire 36 chemises; puis elle fait blanchir cette toile qui se raccourcit alors de 11 centimètres par mètre. Il faut, pour chaque chemise, $2^m,50$ de cette toile blanchie; la façon des chemises revient à $22^r,50$ par douzaine, et le fil et les boutons, à 5 fr. pour les 36 chemises. Calculer, d'après ces données, le prix de revient d'une douzaine de chemises.

(Brevet élémentaire.)

65. — Expliquer la division d'un nombre décimal par un

nombre décimal. — Calculer, à un centième près, le quotient de la division de 32,64 par 0,043.

(Brevet élémentaire.

CHAPITRE DEUXIÈME

PROBLÈMES SUR LE SYSTÈME MÉTRIQUE.

66. — Un particulier, qui a un champ rectangulaire de 121 mètres de long sur 86 mètres de large, le fait entourer d'une haie vive qu'il place à 50 centimètres de sa limite. Le plant d'aubépines lui coûte 5 fr. le mille et il en emploie 6 pieds par mètre; il donne à l'ouvrier qui fait ce travail $0^f,20$ par décam. Combien lui coûte cette plantation?

67. — Un propriétaire veut faire planter en bois une terre de 4 hectom. carrés. Il fait donner un labour qui lui coûte 35 fr. l'hectare. Il faut 15 journées à 4 ouvriers pour arracher le plant dans ses bois, et il leur donne 3 fr. par jour. On plante un sujet par mètre carré, et les ouvriers qui font cette besogne sont payés à raison de 1 fr. le cent de plants. Combien coûtera cette plantation?

68. — Un terrain carré de 20 ares 1/4 de superficie a été acheté $534^f,60$. On l'entoure d'un treillage qui coûte $1^f,95$ le mètre, non compris de forts pieux qu'on enfonce tous les $2^m,50$ pour soutenir ce treillage, et qui reviennent à 75 fr. le 100. A combien revient le terrain?

69. Un détaillant achète 1 hectol. de noix pour 18 fr. Il compte ses noix et il en trouve 600 par décal. Combien doit-il en donner pour un sou s'il veut gagner $0^f,02$ pour $0^f,05$ de vente?

70. — Un ménage consomme par jour en moyenne 15 décil. de vin. Si ce ménage achète, le 1er janvier, pour 159 fr. de vin à 50 fr. l'hectol, à quelle époque cette provision sera-t-elle épuisée?

71. — On a acheté une barrique de vin de 225 litres à raison de 28 fr. l'hectol. On paie en outre 10 fr. pour le fût et un droit fixe de circulation de $1^f,50$ par hectol. Le transport étant revenu à $11^f,60$, on demande le prix de l'hectol. de vin rendu à domicile.

72. — Une distillerie* produit par jour 16 hectol. d'alcool* qui est vendu 70 fr. l'hectol.; on demande ce que cette distillerie rapporte annuellement à l'État, et à combien revient à l'acheteur le litre de cet alcool, cette industrie étant frappée d'un impôt de 220 fr. par hectol.

73. — Un marchand de vin débite en moyenne, par jour, 1 litre 1/2 d'eau-de-vie, 25 litres de vin et 20 canettes de bière*. Le vin lui coûte 87 fr. la pièce de 225 litres : il paie en outre 3ᶠ,40 de droits par pièce. L'eau-de-vie* qu'il achète à 50° lui coûte 75 cent. le litre : il a en outre à payer un droit de 110 fr. par hectol. La bière lui coûte, tous droits payés, 9ᶠ,50 le baril de 30 litres. Il donne 1/2 décilitre d'eau-de-vie pour 10 cent. après avoir mis 1/5 d'eau ; il vend la bière 0ᶠ,40 la canette de 75 centil. et le vin 0ᶠ,65 le litre. Quel est son gain journalier?

74. — Les cercles de barriques se font avec le bois de jeunes châtaigniers. Si dans un décistère de bois on peut faire une botte de 24 cercles, combien faudra-t-il de châtaigniers, estimés chacun à 7 décistères pour faire les cercles nécessaires à la garniture de 60 fûts ordinaires, sachant qu'il en faut 28 par fût? et quelle est la valeur du stère de châtaignier débité en cercles valant 75 fr. le mille?

75. — Un cultivateur a fait battre au fléau* sa récolte de blé. Sachant que cela lui a coûté 180 fr. à raison de 3 fr. par sac de 150 litres, et que 3 douzaines de gerbes ont donné un sac de grain, on demande combien ce cultivateur a récolté de gerbes de blé. Dites aussi combien le batteur a gagné par jour s'il a mis 50 jours à ce travail.

76. — Un magasin est éclairé par 12 becs de gaz* consommant chacun 3 hectol. de gaz par heure. Ces becs sont allumés 5 heures par jour, pendant 6 mois (d'octobre à mars inclusivement) et 3 heures par jour pendant le reste de l'année. Quelle est la dépense annuelle de l'éclairage de ce magasin, si le gaz coûte 0ᶠ,30 le mètre cube?

77. — Un propriétaire a planté 1 hectare 1/2 en bois. Faisant un bon calcul et une bonne action, il autorise un père de famille à ensemencer ce terrain en pommes de terre et lui fournit la semence. De la sorte, l'ouvrier en plantant, binant et arrachant ses pommes de terre, donne au terrain des façons qui ne coûtent rien au propriétaire et qui mettent son terrain en bon état. Cet ouvrier a ainsi planté 15 hectol. de tubercules à l'hectare et la récolte a sextuplé la semence. L'année précédente il avait dépensé pour la nourriture de sa famille 72 fr. de pommes de terre à raison de 6 fr. les 100 kilogr. (1 hectol. 1/2). Dites quel bénéfice net* il réalisera sur sa récolte après avoir prélevé pour sa consommation annuelle la même quantité de pommes de terre que l'année précédente ; il vend le reste 2ᶠ,10 le 1/2 hectol. On tiendra compte du temps qu'il a passé à façonner ses pommes de terre : 20 journées estimées à 3 fr., sans compter tous les moments perdus qu'il y a consacrés.

78. — La statistique* a fait connaître qu'en France, dont la population est de 38 317 975 habitants, un individu consomme annuellement 170 litres de blé ; on sait, en outre, qu'en moyenne il faut 2ʰˡ,08 de semence par hectare, et qu'on y récolte 12 hectol. 1/2 ; d'après ces indications, on demande : 1° la quantité de blé nécessaire à la consommation et pour suffire aux semailles ; 2° quelle superficie de terrain il faudrait ensemencer pour récolter la quantité de blé trouvée.

79. — Un épicier a acheté, pour 108 fr., 12 pains de sucre à raison de 0ʳ,75 les 500 grammes. Quel était le poids de chaque pain ?

80. — On revend 35 fr. les 100 kilogr. du blé qu'on a acheté 25 fr. l'hectol. et on gagne 72 fr. sur le tout. Combien avait-on acheté d'hectolitres, sachant que l'hectol. de blé pèse 80 kilogr. ?

81. — Un cultivateur fait tondre ses moutons ; on lui prend pour cela 0ʳ,15 par tête de bétail. Chaque mouton ayant donné 4 kilogr. de laine, le cultivateur se trouve avoir retiré de cette opération un produit net de 12 975 fr. Combien avait-il de moutons, sachant qu'il vend sa laine 220 fr. le quintal* ?

82. — Un épicier achète un baril d'huile contenant 5 hectol. 9 décal. au prix de 120 fr. les 100 kilogr. L'hectol. de cette huile pèse 91ᵏᵍ,500. On demande : 1° la somme qu'il aura à payer ; 2° à quel prix il devra revendre le kilogr. d'huile pour gagner 30 cent.

83. — Un hectol. de blé pesant 80 kilogr., on demande le poids de blé produit par une gerbe, sachant qu'un hectare a donné 625 gerbes de blé ayant fourni 25 hectol. de grain.

84. — Un marchand de son achète 500 kilogr. de remoulages* à 25 fr. le quintal*, 800 kilogr. de gros bis* à 20 fr. et 1 000 kilogr. de son ordinaire à 16 fr. Il revend le son 4ʳ,80 les 25 kilogr., le gros bis 11 fr. le demi-quintal, et les remoulages 7ʳ,50 les 25 kilogr. Combien gagne-t-il en tout ?

85. — Quelle dépense occasionnera l'approvisionnement de charbon nécessaire pour une frégate* qui doit faire un voyage de 15 jours, sa machine étant de la force de 400 chevaux* et la quantité de charbon nécessaire étant évaluée à raison de 3ᵏᵍ,50 par cheval et par heure ? Le charbon coûte 3ʳ,50 les 100 kilogr.

86. — Un détaillant achète pour 105 fr. de papier pot*, pesant 3ᵏᵍ,500 la rame*, à raison de 60 fr. les 100 kilogr. Il le revend en détail 20 cent. la main. Combien gagne-t-il ?

87. — Un champ de blé de 8 hectares 1/2 a rapporté 600 gerbes de blé par hectare ; 2 gerbes de blé ont fourni une botte de paille pesant 5 kilogr. On demande le prix de toute la paille provenant de cette récolte à raison de 30 fr. les 500 kilogr.

88. — Un meunier a acheté à 25ʳ,50 l'hectol. 65 sacs* de blé du poids de 120 kilogr. A la livraison il s'aperçoit que le blé ne pèse que 78 kilogr. l'hectol. Combien paiera-t-il?

89. — Il faut par jour à un cheval 2 bottes de fourrage pesant 5 kilogr. Un cultivateur qui a 3 chevaux a récolté 2 hectares 1/2 de fourrage, à raison de 25 000 kilogr. par hectare. Pour combien d'argent pourra-t-il en vendre en réservant la nourriture de ses chevaux pendant un an, s'il vend son fourrage 35 fr. les 100 bottes?

90. — On a acheté 1 porc pour 47 fr. ; on l'a gardé 3 mois ; il a consommé 1 quintal 1/2 de recoupes * à 26 fr. les 100 kilogr. et 3 hectol. de petites pommes de terre à raison de 0',80 le double décal. Quand on l'a tué, il a fourni un poids de viande de 70 kilogr. A combien revient le kilogr. de cette viande?

91. — Un cultivateur fait tondre 620 moutons et 180 agneaux. Les moutons ont donné en moyenne 4 kilogr. de laine chacun, et les agneaux 1/4 de kilogr. seulement. La laine en suint * vaut 1',90 le kilogr. Quelle sera la valeur de toute cette laine après le lavage, si cette opération revient à 25 cent. le kilogr.?

92. — Un meunier vend à un boulanger une voiture de 25 sacs de farine pour 2 022 fr. Le transport et les autres frais à sa charge se sont élevés à 1',38 par sac de 159 kilogr. Combien en réalité a-t-il vendu sa farine le sac et le quintal *?

93. — Dans les pays où la culture du tabac * est autorisée, la quantité maximum par hectare est de 36 000 pieds. Si chaque pied peut produire 5 décagr. de tabac, à combien peut-on estimer la récolte d'un hectare, le tabac valant en moyenne 120 fr. le quintal?

94. — Un cultivateur a vendu pour 2 000 fr. de graine de trèfle blanc à raison de 160 fr. les 100 kilogr. Combien d'hectares en avait-il ensemencés la récolte lui ayant donné par hectare 6 hectol. et le trèfle pesant 125 kilogr. l'hectol. 1/2?

95. — Le quintal métrique de blé coûte 32',50 ; quel doit être le prix du double décal. pesant 15^{kg},1?

96. — L'hectol. d'avoine pèse 46 kilogr. 1/2 ; quel doit être le prix de l'hectol. et du double décal. lorsque le quintal se vend 15',85?

97. — L'hectol. de graines de prairies artificielles * pèse 68^{kg},45, et on en a 16 litres 1/2 pour 14',85 ; on demande : 1° le prix du litre ; 2° celui du kilogr.

98. — Un cultivateur achète d'un vigneron trois pièces de vin, à 45 fr. la pièce, et il lui donne, en retour, du blé qui vaut 39 fr. le quintal ; le double décal. de blé pesant 15^{kg},4, combien le vigneron doit-il recevoir de doubles décalitres pour son vin?

99. — Un épicier a acheté un baril d'huile d'olives contenant 1^{hl},2 qu'il paye 155 fr. l'hectol., et il revend cette huile au poids, à raison de 0',20 l'hectogr. ; quel sera son bénéfice, le litre de cette huile pesant 915 grammes?

100. — Dans une usine on produit chaque jour 18 750 kilogr, de fonte, et on travaille 330 jours par an. Combien de tonnes de fonte sont produites dans un an, et quelle somme en retire-t-on si on vend cette fonte 21f,75 les 100 kilogr. ou le quintal métrique?

101. — Un cultivateur a vendu 2 242 fr. sa récolte de fourrage à raison de 38 fr. les 500 kilogr. Sachant que le poids d'une botte de fourrage est de 5 kilogr. et qu'un hectare produit 800 bottes, on demande la contenance du terrain planté en fourrage.

102. — Un litre peut contenir 1 600 haricots de moyenne grosseur. Dans un champ on en a semé 22 rangées de chacune 800 touffes à raison de 6 grains par touffe. La semence ayant décuplé *, on demande la valeur de la récolte à 30 fr. les 100 kilogr. L'hectol. de haricots pèse 78 kilogr.

103. — Le blé pèse 80 kilogr. l'hectol. Un champ de 4ha,6 a produit 92 quintaux de blé. Une gerbe de blé donnant 4 litres de grains, dites, en gerbes, le rendement d'un hectare de blé.

104. — L'hectol. 1/2 d'orge pesant 100 kilogr et le rendement d'un hectare étant de 30 hectol., on demande combien il faut ensemencer d'hectares pour récolter 35 quintaux d'orge.

105. — Un vase plein d'eau pèse 525 décagr. Le poids de ce vase vide étant de 2 hectogr. 1/2, on demande en litres la capacité du vase.

106. — Une bouteille pèse vide 425 grammes; pleine d'eau, elle pèse 1 175 grammes. On désire savoir combien on pourra en remplir de semblables avec le contenu d'un fût * de 225 litres.

107. — Un fermier loue à raison de 62 fr. l'hectare une pièce de terre de 5ha,25 qu'il a ensemencée en avoine. Il a donné 2 labours estimés chacun 30 fr. l'hectare. Le prix de l'ensemencement est le même que celui d'un labour. Il a fumé ce champ avec du guano * du Pérou valant 38 fr. les 100 kilogr. et il en a mis 200 kilogr. par hectare. Il a mis par hectare 2hl,50 de semence à 9f,20 l'hectol. Le fauchage lui a coûté 24 fr. l'hectare. Les autres frais, rentrage, battage et nettoyage, sont compensés par la valeur de la paille. Quel bénéfice net ce fermier a-t-il fait sur la récolte de ce champ qui a donné 30 hectol. d'avoine par hectare, sachant que cette avoine a été vendue 22 fr. les 100 kilogr. et qu'un hectol. de ce grain pèse 50 kilogr.?

108. — Un marchand vend du vin 0f,60 la bouteille. Pour savoir la contenance d'une de ces bouteilles, on la pèse vide, puis pleine d'eau. Le poids dans les deux cas est de 41 décagr. et de 101 décagr. Quelle en est la contenance et à combien revient le litre de vin acheté ainsi à la bouteille?

109. — Un cultivateur a conduit au marché 20 sacs de blé, contenant chacun 1 hectol. 1/2. Il a vendu son blé au poids, à raison de 35 fr. le quintal métrique. Après en avoir pesé l'échantillon *, on a trouvé que le double décal. pesait $15^{kg},2$; faire son compte.

110. — Le blé dont il est question précédemment a été acheté par un négociant qui a revendu la farine à raison de 60 fr. le sac de 125 kilogr., et le son ou recoupe à 6 fr. le quintal ; sachant que le négociant a dû payer le vingtième de la valeur du blé pour prix de mouture, et que le quintal de ce blé a produit 78 kilogr. de farine et 18 de son, on demande quel est son bénéfice.

111. — Un vieillard, âgé actuellement de 78 ans, dit que, depuis l'âge de 18 ans, il a fait usage de tabac, et il estime que jusqu'à 30 ans il en usait, en moyenne, 8 grammes par jour; que de cette dernière époque jusqu'à l'âge de 50 ans, il en consommait journellement 12 grammes; et qu'enfin, depuis l'âge de 50 ans jusqu'à ce jour, sa consommation journalière est de 14 grammes; sachant que le tabac lui a coûté 12 fr. le kilogr., on demande de calculer la dépense que cet homme a faite en toute sa vie pour satisfaire cette mauvaise habitude, en tenant compte, dans le calcul, des années bissextiles *?

112. — Un boulanger a acheté 60 sacs de farine commune, pesant chacun 125 kilogr., qu'il a payée à raison de 38 fr. le quintal métrique; on demande combien ce boulanger peut avoir de bénéfice brut * sur ce marché, sachant que 5 kilogr. de farine en font 6 de pain, et qu'il vend $0^f,15$ le pain d'un 1/2 kilogr.

113. — Pour la fabrication d'un hectol. de bière * ordinaire, il faut 30 kilogr. d'orge et 2 hectogr. 1/2 de houblon. L'hectolitre d'orge pesant 57 kilogr. coûte $14^f,25$, et le quintal de houblon revient à 220 fr. ; quel est le bénéfice du brasseur *, par hectol. de bière, en le vendant 15 fr., et évaluant les frais de main-d'œuvre *, intérêt du matériel, etc., à $4^f,50$?

114. — Une propriété, nature de pré, est estimée 30 fois son revenu net *; l'hectare peut rapporter, année ordinaire, en foin et regain *, 2 845 kilogr. de fourrage sec, estimé $7^f,25$ le quintal. Les impôts et frais de main-d'œuvre sont évalués au vingtième du revenu brut *; d'après cela, combien peut-on estimer l'hectare de ce pré?

115. — Un négociant a un fût plein de vin de Bourgogne, et il dit que s'il était plein de vin de Bordeaux, il pèserait $2^{kg},076$ de plus: sachant que l'hectolitre de vin de Bourgogne pèse $99^{kg},15$, et celui de Bordeaux $99^{kg},39$, on demande de trouver la contenance du fût dont il est question.

116. — Un fût plein à moitié de vin de Bourgogne pèse $851^{kg},87$, et s'il était entièrement plein, il pèserait $1 625^{kg},24$; connaissant le poids du vin de Bourgogne, indiqué au problème précédent, on demande de trouver la contenance de ce fût.

117. — Voulant connaître la contenance d'une barrique pleine de vin, on la pèse et on trouve 241^{kg},91. On tire un litre de ce vin et on trouve qu'il pèse 995 gr. Enfin une barrique semblable pèse vide 25 kilogr. Que peut contenir cette barrique?

118. — Un morceau de zinc pèse dans l'air 343 grammes. Dans l'eau, il ne pèse plus que 293 grammes. Quel est son volume et quelle est sa densité*?

119. — Un épicier a de l'huile d'olives dont la densité est 0,915, qu'il vend 2 fr. le kilogr. Vous le priez de vous en emplir une bouteille de 75 centil. Combien payerez-vous?

120. — On a vendu pour 1 228^f,50, à raison de 21 fr. les 100 kilogr., l'avoine récoltée dans un champ de 325 ares. Sachant que la densité* de l'avoine est moitié de celle de l'eau, indiquez en hectol. le rendement par hectare.

121. — Un litre vide en étain pèse 185 grammes; plein de sable, il pèse 1^{kg},585. Dites : 1° la densité* du sable; 2° le poids d'un mètre cube de sable.

122. — Une poule pond en moyenne par an 60 œufs vendus 0^f,90 la douzaine. Il faut pour la nourrir 1 litre d'avoine tous les 5 jours. L'avoine coûtant 20 fr. le quintal, on demande ce qu'une poule peut rapporter annuellement à son maître. (L'avoine pèse 2 fois moins que l'eau.)

123. — On achète une barrique contenant 228 litres de vin dont la densité est 0,9. Au bout de 20 jours, on pèse le tout et on trouve 201 kilogr. Combien manque-t-il de litres et combien de temps encore durera ce vin si l'on continue à en boire dans la même proportion? Le fût vide pèse 228 hectogr.

124. — On a payé 1^f,30 pour 650 grammes d'huile dont la densité est 0,915. Quel est le prix d'un kilogr. et celui d'un litre de cette huile?

125. — Un terrain carré d'une contenance de 1640^{m2},25 est entouré d'un triple rang de fil de fer galvanisé* pesant 60 grammes le mètre, et valant 85 fr. les 100 kilogr. Combien coûtera ce fil de fer?

126. — Un vase vide pèse 806 décigr.; plein d'eau, il pèse 620^g,6; plein d'un autre liquide, il pèse 1 571 grammes. Quelle est la densité de ce dernier liquide?

127. — Un vase plein de lait pèse 28 hectogr.; vide, il pèse 22 décagr. 1/2. Quelle est la contenance de ce vase, la densité du lait étant 1,03?

128. — Un litre de lait pèse 1 030 grammes. Un laitier en achète 735 décil. Il le pèse et trouve que le poids est de 7 560 décagr. Combien ce lait contient-il de litres d'eau?

129. — Quel est le poids d'un morceau de sucre qui est équilibré au moyen de 2 pièces de 5 fr. en argent, 4 pièces de 2 fr., 2 pièces de 1 fr., 2 pièces de 20 cent., 2 pièces de 10 cent., 1 de 2 cent., et 1 de 1 cent., et quel en est le prix à raison de 0^f,80 le demi-kilogr.?

130. — Combien faut-il mettre de pièces de 10 cent. ou de pièces de 0ᶠ,20 dans une balance pour équilibrer un litre d'huile pesant 0ᵏᵍ,920 ?

131. — Une fermière a porté au marché 35 litres de lait, qu'elle a vendu 3 cent. le double décil., et 3 kilogr. de beurre vendu 1ᶠ,50 le 1/2 kilogr. Comme elle a reçu de la monnaie d'argent pour le beurre et de la monnaie de bronze pour le lait, on demande le poids de la somme qu'elle a rapportée à la maison.

132. — On a 800 fr. en pièces de 5 fr. d'argent; on a la même somme en monnaie divisionnaire d'argent. Quel est, pour chaque somme, le poids de l'argent et celui de l'alliage?

133. — Un homme qui a acheté 212 moutons à 75 fr. la paire donne en paiement un sac de pièces de 5 fr. pesant 475 décagr., et le reste moitié en pièces de 20 fr. et moitié en billets de 50 fr. Combien a-t-il donné de pièces de 5 fr., de pièces de 20 fr. et de billets de 50 fr.?

134. — On a un vase difficile à jauger*, dont on veut connaître la capacité. On l'emplit d'eau pure et on trouve qu'alors il fait équilibre à 7 pièces de 5 fr. en argent, 4 pièces de 2 fr. et 18 gros sous ou décimes. Pour faire équilibre au vase vide on ne laisse dans la balance qu'une pièce de chaque sorte; quelle est sa capacité?

135. — Un vase dont le poids est de 15 décagr. est rempli d'huile. Il est équilibré dans la balance au moyen de 20 pièces de 5 fr. en argent, 15 pièces de 2 fr., 10 pièces de 0ᶠ,50, 20 pièces de 10 cent. et 7 cent. Quelle est la densité de cette huile, sachant qu'après l'avoir remplacée par de l'eau il a fallu ajouter 3 pièces de 5 fr. et retirer 3 cent.?

136. — J'ai acheté pour 0ᶠ,80 de marchandise que j'ai payée en monnaie de bronze*. Le marchand s'est servi de mon argent pour poids. Combien coûtait le kilogr. de cette marchandise?

137. — L'épaisseur d'une pièce de 1 fr. étant de 1 millim., si l'on avait un milliard de ces pièces et qu'on pût les disposer en rouleau, quelle longueur aurait ce rouleau et quel en serait le poids?

138. — Que vaut, au change* des monnaies, un kilogr. d'argent pur, sachant que le prix de fabrication d'un kilogr. d'argent monnayé est 1ᶠ,50?

139. — Que vaut, au change des monnaies, un kilogr. d'or pur, sachant que le prix de fabrication d'un kilogr. d'or monnayé est 6ᶠ,70?

140. — Une pièce de 5 cent. a 25 millim. de diamètre. Quel serait le côté du carré que l'on pourrait faire avec une somme de 320 fr. en pièces de 5 cent. placées à plat les unes à côté des autres?

141. — Une somme de 26ᶠ,75 de monnaie d'argent et de cuivre pèse 300 grammes. Combien y a-t-il de chaque sorte de monnaie?

AUTRES PROBLÈMES SUR LE SYSTÈME MÉTRIQUE

DONNÉS DANS LES CONCOURS ET LES EXAMENS.

142. — La récolte d'une terre en froment a été vendue à raison de 27ᶠ,50 le quintal, et a rapporté 762 fr.; la contenance de cette terre est de 2ʰᵃ, 3ᵃ, 20ᶜᵃ et le double décal. de ce blé pèse 135 hectogr. On demande le rendement d'un hectare en froment et en argent.

(Certificat d'études primaires.)

143. — Un vase, étant vide, pèse 1ᵏᵍ,02; rempli d'eau, il pèse 3ᵏᵍ,8. Chercher quelle est la capacité de ce vase.

(Brevet élémentaire.)

144. — Un sac renferme 1000 fr. dont 500 fr. en argent, 450 fr. en or et le reste en monnaie de bronze. Combien pèse son contenu?

(Brevet élémentaire.)

145. — On a un lingot d'argent pur de 10ᵏᵍ,125. Quel poids de cuivre faudra-t-il ajouter pour faire de l'argent propre à être monnayé, et quelle somme aura-t-on?

(Certificat d'études primaires.)

146. — Un vase vide pèse 1ᵏᵍ,32; plein d'eau, il pèse 5ᵏᵍ,374; plein d'un autre liquide, il pèse 4ᵏᵍ,817. Quel est le poids d'un litre de cet autre liquide?

(Brevet élémentaire.)

147. — Sur une propriété de 36ʰᵃ,45ᵃ, on a récolté 28 hectol. 1/2 de blé et 900 bottes de paille par hectare. On demande la valeur de la récolte au prix de 26ᶠ,50 le quintal de blé et de 13 fr. les 100 bottes de paille, sachant qu'un double décal. de ce blé pèse 15ᵏᵍ,450.

(Brevet élémentaire.)

148. — Un négociant a acheté 360 000 kilogr. de houille à 5ᶠ,80 les 100 kilogr. Il revend cette houille à raison de 6 fr. l'hectol. Trouver le gain total, sachant qu'un hectol. de houille pèse 90 kilogr.

(Brevet élémentaire.)

149. — Un marchand pèse 137 décagr. de sucre. Quels poids place-t-il sur la balance? Quelle somme : 1° en argent, 2° en or, et quel volume d'eau feraient équilibre au poids de ce sucre?

(Certificat d'études primaires.)

150. — Pour faire une paire de bas dans des moments de

récréation, une élève a acheté 4 hectogr. de laine à 7ʳ,50 le kilogr.; il lui en reste 20 grammes. Chez le marchand, la paire de bas aurait coûté 4ʳ,75. On demande combien l'élève a gagné en les tricotant elle-même.

(Certificat d'études primaires.)

151. — Un terrain de 4ʰᵃ,25ᶜᵃ a été payé 24 540 fr. Combien doit-on revendre le mètre carré pour gagner 9 fr. par are?

(Certificat d'études primaires.)

152. — Un boulanger a fait moudre 42 doubles décal. de blé qu'il a payés à raison de 22ʳ,50 l'hectol. : la quantité de farine obtenue lui a donné 630 kilogr. de pain. On demande à combien lui revient le kilogr. de pain, sachant que le son a payé la mouture.

(Certificat d'études primaires.)

153. — Quelle est la contenance, en litres, d'un vase qui, vide, est équilibré par une somme de 45 fr. en argent, et, plein d'eau, par une somme composée de 775 fr. en or, 25 fr. en argent et 17ʳ,50 en monnaie de billon?

(Brevet élémentaire.)

154. — Le prix de 8 pièces d'huile d'olives contenant chacune 9ʰˡ,05 est de 5 360 fr. Quel sera le prix du double décal.?

(Certificat d'études primaires.)

155. — Combien faut-il de pièces de 5 fr. en argent pour faire équilibre à un vase contenant 2ˡ,86 d'eau, et qui, vide, pèse 640 grammes?

(Concours d'admission à l'école normale primaire.)

156. — Le prix du pain étant fixé à 0ʳ,35 le kilogr., quelle sera pour la consommation du pain la dépense annuelle d'une famille, d'après les conditions suivantes :

Le père mange par jour.................... 1 kilogr.;

La mère mange par jour.. ... . 612 grammes;

3 enfants mangent en moyenne chacun. 47 décagr.

(Certificat d'études primaires.)

157. — Un marchand a vendu à faux poids, pendant 15 ans, 15 500 kilogr. par an d'une certaine marchandise à raison de 7ʳ,50 le kilogr. à une clientèle composée de 225 personnes. Il a gagné, par cette fraude, sur chaque kilogr. la valeur de 10 grammes. De quelle somme a-t-il fait tort à chaque acheteur, en supposant que chacun ait acheté la même quantité de marchandise?

(Certificat d'études primaires.)

158. — On veut entourer d'arbres une prairie qui mesure 15 hectom. de circuit. Les arbres devant être séparés par un espace de 15ᵐ,60, combien en faudra-t-il et combien coûtera la plantation, si chaque arbre planté revient à 1ʳ,75?

(Certificat d'études primaires.)

159. — Une fermière conduit à la ville 9 vases contenant

chacun 1 décal. de lait. Elle vend ce lait 0ᶠ,04 le double décil.
Combien retirera-t-elle de cette vente et quel sera le poids
de l'argent qu'elle rapportera chez elle, en supposant qu'elle
n'ait reçu que de la monnaie de cuivre?
(Certificat d'études primaires.)

160. — Un champ de 4 538 mètres carrés de superficie a produit dans une année environ 12ᵏᵍ,5 de froment par are. Ce froment a été vendu à raison de 32ᶠ,50 l'hectol.; on demande quel
a été le produit de la vente, sachant que l'hectol. pesait en
moyenne 78 kilogr.
(Certificat d'études primaires.)

161. — Un pré de 4ʰᵃ,35ᵃ a produit 2 680 bottes de foin qui
ont été vendues 7ᶠ,80 le quintal métrique, chaque botte pesant
5 kilogr. Combien ce pré a-t-il rapporté par hectare?
(Certificat d'études primaires.)

162. — Le vin du Blayais * se paie chez le propriétaire 74ᶠ,25
la barrique de 228 litres : le transport pour Paris coûte 32ᶠ,60 par
tonneau de 4 barriques et le vin paie à l'entrée de cette ville
1ᶠ,50 de droits par hectolitre. On demande ce qu'aura à payer
un négociant de Paris qui a acheté, dans ces conditions, 5 tonneaux de vin du Blayais.
(Certificat d'études primaires.)

163. — Dans la région Est de la France, les 6 538 000 hectares
cultivés en céréales * donnent un produit total de 156 912 000 hectol. Combien chaque are donne-t-il en moyenne de doubles
décal.?
(Certificat d'études primaires.)

164. — Un tonneau contient 7ʰˡ,72 de vin. On vend le tout à
raison de 0ᶠ,16 le litre. A combien reviennent l'hectol. et le
tonneau, et que coûterait un mélange de 1 628 litres achetés au
même prix et de 1 314 litres payés à raison de 0ᶠ,13 le litre?
(Certificat d'études primaires.)

165. — Un vase rempli d'eau de mer pèse 67ᵏᵍ,850 et vide
9ᵏᵍ,125; combien contient-il de litres? On sait que le litre d'eau
de mer pèse 102ᵈᵃᵍ,6.
(Certificat d'études primaires.)

166. — On offre à un propriétaire 30 000 fr. pour un terrain
de 2ᵃ,50, et il refuse. Un jury * d'expropriation lui alloue 126 fr.
par mètre carré; combien a-t-il gagné en refusant?
(Certificat d'études primaires.)

167. — On donne 20 fr. à une servante pour aller chercher
2ᵏᵍ,5 de bougie à 2ᶠ,80 le kilogr.; 125 grammes de café à 3ᶠ,20 le
kilogr.; 2ᵏᵍ,525 de sucre à 0ᶠ,65 les 500 grammes; 1ᵏᵍ,65 de
vermicelle à 0ᶠ,40 les 5 hectogr. Combien doit-elle rapporter?
(Brevet élémentaire.)

168. — Un épicier pèse 146 décagr. de sucre. Quels poids place-t-il sur la balance? Quelle somme : 1° en argent, 2° en or, et quel volume d'eau feraient équilibre à ce sucre?

(Certificat d'études primaires.)

169. — On achète pour 78 fr. 50 litres de vin de Bourgogne et on les met en bouteilles de 0ˡ,75 dont le 100 coûte 16ˡ,50. On paie de plus 1ˡ,50 le cent de bouchons. Combien aura-t-on de bouteilles, et à combien reviendra la bouteille de vin, verre compris?

(Certificat d'études primaires.)

170. — Quelles sont, dans le système métrique, les diverses unités de volume et de capacité? Indiquer le rapport qui existe entre elles.

(Brevet élémentaire.)

171. — Un enfant de 12 ans peut soulever des deux mains un poids de 33 kilogr. Quelle somme pourrait-il soulever : 1° en or 2ˡ en argent, 3° en bronze?

(Certificat d'études primaires.)

172. — On a ensemencé un hectare de terre avec 220 litres de blé; le rendement a été de 350 gerbes. Sachant que 100 gerbes produisent 7ʰˡ,05 de blé, quel est le produit d'un litre de semence? Combien faudrait-il cultiver d'hectares pour récolter 200 hectol. de blé?

(Certificat d'études primaires.)

173. — Un marchand de vin achète 6 barriques de vin de 216ˡ,50 a 0ˡ,25 le litre; il y a dans chaque pièce 5 litres de lie *, et il paie 0,015 de droit par litre. Il vend ce vin en détail 0ˡ,45 le litre. Quel est son bénéfice?

(Certificat d'études primaires.)

174. — Une ménagère a tiré de son poulailler 684 œufs qu'elle a vendus, le 1/3 à 85 cent. la douzaine, le 1/4 à 1ˡ,20 la douzaine, et le reste 84 cent. la douzaine. Pour la nourriture de ses volailles, elle a acheté 12ᵈᵃˡ,5 de graine à 13 cent. le litre et pour 7ˡ,69 de son. Dites le prix de revient d'un œuf et le profit total qu'a réalisé la ménagère.

(Certificat d'études primaires.)

175. Un tonneau d'alcool * de 354 litres a coûté 195 fr. l'hectol.; les frais de transport et l'impôt se sont élevés à 789ˡ70. Combien faudra-t-il ajouter de litres d'eau pour qu'une bouteille de 66 centil. de mélange revienne à 1ˡ,85.

(Certificat d'études primaires.)

176. — Une barrique de vin de 228 litres a coûté 85 fr., prise chez le producteur. On a payé pour le transport 16ˡ,46, et à l'octroi 1ˡ,50 par hectol. Dites à combien revient la bouteille de 0ˡ,75. (Certificat d'études primaires.)

177. — Une famille composée de 5 personnes consomme journellement 735 grammes de pain rassis par personne, ou 835

grammes de pain frais également par personne. Le pain de 3 kilogr. valant en moyenne 1ᶠ,40, trouvez l'économie annuelle que ferait cette famille si, au lieu de manger du pain frais, elle mangeait du pain rassis.
(Certificat d'études primaires.)

178. — Un stère de bois pèse 850 kilogr. et coûte 17 fr. Combien faudra-t-il revendre 1 000 kilogr. de ce bois pour gagner 3ᶠ,40 par stère? (Certificat d'études primaires.)

179. — Le pavage d'une rue a coûté 82 365 fr. dont 5 865 fr. pour la main-d'œuvre ⋆. Chaque pavé couvre une surface de 276 centimètres carrés. Sachant que les pavés ont été payés 45 fr. le cent, trouver la surface de la rue et le prix de revient d'un mètre carré de pavage à moins d'un centime près.
(Certificat d'études primaires.)

180. — Montrer que le système métrique est l'application du système de numération décimale aux poids et aux mesures.
(Brevet élémentaire.)

181. — Quelle somme en argent pèserait autant que l'eau pure et froide contenue dans une boîte d'une capacité de 4ᵈᵐ³,9?
(Certificat d'études primaires.)

182. — Dans un sac il y a 775 fr. de monnaie d'or, 278ᶠ,60 de monnaie d'argent et 17ᶠ,85 de monnaie de bronze. Trouver le poids total de la somme contenue dans le sac, la monnaie d'or pesant, à valeur égale, 15 fois et demie moins, et la monnaie de bronze 20 fois plus que la monnaie d'argent.
(Certificat d'études primaires.)

183. — Un épicier a fait 5 livraisons de sucre ⋆, savoir : la première de 51 hectogr., 5 grammes; la deuxième de 40 kilogr., 5 décagr.; la troisième de 10 080 décigr.; la quatrième de 124 décagr., 6 grammes, et la cinquième de 6 myriagr., 9 décagr., 1 gramme. En payement, il a reçu de la monnaie d'argent dont le poids est de 731 grammes. On demande : 1° le prix qu'il a vendu le 1/2 kilogr. de sucre; 2° le bénéfice total qu'il a réalisé, chaque kilogr. ne coûtant que 1ᶠ,30.
(Certificat d'études primaires.)

184. — Faute de poids, on met dans une balance, pour faire équilibre à un corps, 12 pièces de 5 fr. en argent, 7 pièces de 2 fr., 3 pièces de 1 fr. et 5 pièces de 20 cent. Que pèse ce corps?
(Certificat d'études primaires.)

185 — Le poids d'un flacon vide est de 65ᵍ,45; rempli d'un médicament qui pèse autant que l'eau, le poids de ce flacon est égal à celui de 3 pièces de 5 fr., plus 4 pièces de 2 fr. 1° Quel est le poids du médicament? 2° Quel en est le prix à raison de 0ᶠ,08 le gramme? 3° Quelle est, en centil., la contenance de ce flacon? 4° Quel serait le prix d'un litre de ce médicament?
(Certificat d'études primaires.)

CHAPITRE TROISIÈME

PROBLÈMES SUR LES NOMBRES COMPLEXES.

186. — Un train parcourt 36 kilom. à l'heure. Il se rend directement à un point distant de 221 kilom. Il part à 7 heures 1/2 du matin. A quel heure exacte arrivera-t-il?

187. — Un jeune garçon doit se rendre dans une ville éloignée de 8 kilom., et sur sa route il a des commissions à faire dans 5 hameaux, savoir : 4 dans le premier, 5 dans le deuxième, 2 dans le troisième, 1 dans le quatrième et 7 dans le cinquième. Il lui faut en moyenne 10 minutes pour faire une commission. Il doit rester un quart d'heure à la ville et être de retour à 4 heures 1/2 du soir. A quelle heure doit-il partir pour arriver à l'heure dite, s'il fait 4 kilom. par heure?

188. — Un homme parti le matin à 5 heures et ayant constamment marché, sauf une interruption de 1 heure 1/2, a été de retour à 4 heures du soir. Il a remarqué qu'il mettait 10 minutes pour aller d'une borne kilométrique à une autre, et que dans le même espace de temps il faisait 1333 pas. Dites à quelle distance est situé l'endroit où il allait et combien il a fait de pas.

189. — Une personne née à 7 heures du soir le 15 janvier 1825 est morte à 8 heures 1/2 du matin, le 17 avril 1874 ; combien a-t-elle vécu : 1° d'années, 2° de jours, 3° d'heures, 4° de minutes ?

190. — La lumière parcourt 75 000 lieues * par seconde. Les astronomes * nous disent qu'il y a des étoiles dont la lumière met 20 ans pour arriver jusqu'à nous. A quelle distance sont donc ces étoiles? On tiendra compte des années bissextiles *.

191. — Un homme peut faucher un arpent * (51ª,07) de blé en 15 heures. Combien faudra-t-il de jours à un faucheur travaillant 12 heures par jour pour couper le blé d'une pièce de terre de 510ᵐ,70 de long sur 150 mètres de large, et combien recevra-t-il à raison de 18 fr. l'arpent?

192. — Un bon ouvrier peut ensemencer 8 arpents * (voir n° 191) en une journée. Combien faudra-t-il de temps pour ensemencer un champ rectangulaire de 1 021ᵐ,40 de long sur 200 mètres de large?

193. — Sachant que le soleil éclaire toute la terre en 24 heures que la terre est partagée en 360 degrés * de longitude *, qu'elle tourne de l'ouest à l'est, on demande, lorsqu'il est midi à Paris, quelle heure il est à Pékin *, qui est à 115 degrés de longitude Est, et à Washington * (Etats-Unis), situé à 80 degrés de longitude Ouest.

194. — A combien de kilom. de l'équateur se trouve une ville située à la latitude * de 54 degrés?

195. — Le calendrier * de la première République française, qui a duré depuis le 22 septembre 1792 jusqu'au 1ᵉʳ janvier 1806, se composait de 12 mois de 30 jours suivis de 5 ou 6 jours complémentaires, selon que les années étaient ou non bissextiles. Les mois étaient : vendémiaire, brumaire, frimaire, nivôse, pluviôse, ventôse, germinal, floréal, prairial, messidor, thermidor et fructidor. D'après cela, dites à quelle date correspond dans le calendrier républicain la date du 14 juin 1800, jour de la bataille de Marengo *. L'année avait commencé le 23 décembre 1799.

196. — A quelle date du calendrier actuel ou grégorien * correspond le 9 thermidor an II, jour de la chute de Robespierre *, l'an II ayant commencé le 22 septembre 1793?

197. — La drachme était à la fois l'unité des poids et l'unité des monnaies chez les Grecs. Son poids était de 4 grammes et elle équivalait à 0ᶠ,92 de notre monnaie. D'après cela, donnez en drachmes la valeur et le poids de 23 fr. en argent.

198. — Quand il est midi à Paris, quelle heure est-il à Nice *, à Saint-Brieuc * et à Brest *, Nice étant à 5 degrés de longitude Est, Saint-Brieuc à 5 degrés de longitude Ouest, et Brest à 7 degrés de longitude Ouest?

199. — Un voyageur qui a sa montre réglée sur le méridien de Paris se trouve à Saint-Pétersbourg *. Lorsque midi sonne, sa montre ne marque que 10ʰ 10ᵐ ; à quelle longitude * se trouve Saint-Pétersbourg, par rapport au méridien de Paris?

200. — Deux courriers doivent faire un même trajet de 28 kilom. L'un est à pied et fait 5 kilom. à l'heure, et l'autre, à cheval, fait 12 kilom. Le premier part à 5 heures du matin. A quelle heure l'autre devra-t-il partir pour arriver en même temps à destination?

201. — Quand il est midi à Paris, il est 12ʰ 56ᵐ à Vienne *, 11ʰ 50ᵐ à Londres *, 11ʰ 35ᵐ à Madrid *, 5ʰ 45ᵐ du soir à Chandernagor *. Indiquez les longitudes * de ces différentes villes.

202. — Berlin * est à 11 degrés de longitude Est; Batavia *, à 105 degrés de longitude Est; Constantinople *, à 27 degrés de longitude Est. Quelle heure est-il dans chacune de ces villes, lorsqu'il est midi à Paris?

AUTRES PROBLÈMES SUR LES NOMBRES COMPLEXES
DONNÉS DANS LES CONCOURS ET LES EXAMENS.

203. — Un homme part à 5ʰ 50ᵐ du matin et parcourt 5 400 mètres à l'heure; il est suivi d'un cavalier qui ne part que $2^h 5^m$ après; celui-ci faisant $10^{km},20$ à l'heure, à quelle distance du point du départ et à quelle heure se rencontreront ils?

(Brevet élémentaire.)

204. — Une circonférence contient 360 degrés, chaque degré vaut 60 minutes et chaque minute 60 secondes. Un mobile * parcourt, sur une circonférence, un arc de 42° 56' 12" dans une heure. Quel temps lui faudra-t-il pour parcourir la circonférence entière?

(Brevet supérieur.)

205. — Sur une ligne de chemin de fer on trouve 3 gares consécutives A, B, C. La distance de A à C est de 28 kilom. Le train part de A à $11^h 25$ du matin, stationne 5 minutes à B et arrive à C à midi 12 minutes. On demande : 1° combien ce train parcourt en moyenne de kilom., 2° à quelle heure précise il arrivera, en poursuivant sa marche, à la gare F, située à 45 kilom. de C, s'il stationne aussi 5 minutes à la gare C et 5 minutes dans chacune des gares intermédiaires D et E.

(Certificat d'études primaires.)

206. — Un terrain de 60 arpents * de Paris a été vendu à raison de 3 000 livres * tournois * l'arpent, avant l'établissement du système métrique. Sa valeur a doublé depuis cette époque. On demande d'évaluer en francs sa valeur actuelle et la valeur de l'hectare, sachant :

1° Que 80 fr. valent 81 livres tournois;

2° Que l'arpent de Paris valait 100 perches, dont chacune était un carré de 18 pieds de côté;

3° Que le pied était le sixième de la toise;

4° Que 10 000 000 de mètres valent 5 130 740 toises.

(Brevet supérieur.)

207. — On lit dans un ancien compte que la livre* de sucre coûtait 15 sous * 8 deniers *. Combien coûterait en francs et en centimes le kilogr. de ce sucre? On sait que la livre-poids valait 9 216 grains, et que le kilogr. vaut 18 827 grains 15; que la livre-tournois valait 20 sous et le sou, 12 deniers; enfin que 80 fr. valent 81 livres tournois.

(Brevet élémentaire.)

208. — Un courrier parcourant 10 kilom. 1/2 à l'heure est parti depuis 3 heures, lorsqu'on envoie à sa poursuite un autre courrier qui parcourt 13 kilom. à l'heure.

En combien d'heures et de minutes le deuxième atteindra-t-il le premier?

(Brevet élémentaire.)

209. — Deux villes sont situées sur le même méridien * et toutes deux au nord de l'équateur * : leurs latitudes * sont respectivement 48° 50′ 49″ et 50° 38′ 44″. Calculer en mètres la distance qui sépare ces deux points du globe terrestre?

(Brevet élémentaire.)

210. — Un robinet a coulé pendant 3ʰ 24ᵐ 32ˢ pour remplir d'eau pure un récipient*. Le vase plein pèse 2 736 décagr. et quand il était vide il pesait autant que 560 francs en argent plus 0ᶠ,16 en monnaie de bronze. On demande combien il faudrait de temps pour débiter 1 hectol.

(Certificat d'études primaires.)

CHAPITRE QUATRIÈME

PROBLÈMES SUR LES FRACTIONS.

211 — Un homme en mourant laisse à son fils les 2/5 de sa fortune, le 1/4 à son frère et les 28 000 fr. qui restent à sa veuve. Quelle est la part de chacun?

212. — Les élèves d'une école, au nombre de 50, ont fait la guerre aux hannetons. Ils en ont détruit en moyenne chacun 500 par jour. Ils ont fait cela pendant 6 jours. De combien de vers blancs* ont-ils ainsi préservé leur commune, en supposant que parmi les hannetons détruits, il y eût les 2/3 de femelles, et sachant que la femelle de ce coléoptère * pond en moyenne 90 œufs?

213. — Une personne achète 100 sacs de blé pesant chacun 120 kilogr. Une partie de ce blé s'étant avarié dans le transport, elle obtient une réduction de prix de 1/12. De la sorte elle ne paie que 4 400 fr. Quel était le prix de l'hectol. de blé? (un hectol. de blé pèse 80 kilogr.).

214. — Avec un bâton équivalant aux 2/9 du décam., on a mesuré un terrain carré et on a trouvé que la longueur du bâton était comprise 130 fois 1/2 dans le côté de ce terrain. Dites la valeur de ce terrain à raison de 25 fr. le décam. carré.

215. — Dans une année, un ménage a consommé par trimestre* une feuillette de vin contenant 146 litres. L'année suivante, le vin ayant augmenté de 1/3, cette famille n'y a consacré néanmoins que la même somme. Dire combien ce ménage a consommé de vin par jour dans chacune de ces deux années.

216. — On achète une terre de 1 825 ares pour 36 000 fr., plus 1 décime * par franc pour frais. Les 3/5 du champ ayant été labourés 2 fois et fumés, l'acheteur doit en tenir compte au vendeur, à raison de 36 fr. l'hectare, pour chaque labour, et 240 fr., également par hectare, pour le fumier. Combien l'acheteur devra-t-il débourser?

217. — Un hectare de terre ensemencé en colza* donne 25 hectol. de graine que l'on vend 45 fr. les 100 kilogr. Le poids de cette graine est les 2/3 de celui de l'eau. Que vaut la récolte d'un champ de colza d'une contenance de 240 ares?

218. — Un épicier a vendu en détail 20 pains de sucre* de 11 kilogr., savoir . 150 kilogr. à 0ᶠ,80 le demi-kilogr. et le reste avec 1/16 d'augmentation. De cette façon il gagne 23 fr. par quintal*. Combien avait-il acheté le kilogr. de sucre?

219. — Un ouvrier a déposé au bout de l'année 360 fr. à la caisse d'épargne. Sachant qu'il a dépensé le 1/4 de son gain pour sa nourriture et les 3/5 du reste pour son habillement, son logement, etc., on demande ce qu'il a gagné dans son année?

220. — Un ouvrier a fait un ouvrage en 4 jours : le premier jour, il en a fait le 1/5, le deuxième le 1/4 du reste, le troisième les 7/12 du reste. Ayant fini le quatrième jour, il reçoit pour ce jour-là 3ᶠ,75. Combien a-t-il gagné en tout et combien chaque jour?

221. — Un cultivateur a récolté 2 coupes de fourrage dans un champ de 4 hectares 1/4. La première lui en a fourni 20 400 kilogr., et la seconde 1/4 en moins. Dites la somme qu'il a reçue, en vendant ces deux coupes à 35 fr. les 100 bottes de 5 kilogr. chacune, le fourrage ayant perdu depuis le rentrage le 1/6 de son poids. Quel est en outre le rendement d'un hectare?

222. — Un homme peut faire 130 pas à la minute. En admettant que le pas ordinaire soit égal aux 10/13 du mètre, combien faudrait-il de jours à un piéton marchant dans ces conditions 9 heures par jour, pour traverser la France du nord au sud? La distance est de 980 kilom., qu'on peut augmenter de 100 kilom. à cause des détours des routes.

223. — Partagez 2 250 fr. entre 3 personnes de manière que la part de la deuxième soit le 1/3 de celle de la première et le double de celle de la troisième.

224. — Deux ouvriers ont fait un ouvrage pour lequel ils reçoivent au total 55ᶠ,80. L'un des ouvriers, qui est de 1/4 moins habile que l'autre, a reçu 1ᶠ,80 de moins que son camarade, et a travaillé 10 jours. Pendant combien de temps l'autre a-t-il travaillé?

225. — En physique*, il est reconnu que l'élasticité* des corps est telle, qu'une bille d'ivoire*, en tombant sur une table de marbre*, rebondit à une hauteur égale au 1/3 de celle dont elle est tombée : d'après cette propriété, en faisant tomber une bille sur une table, d'une hauteur de 4 mètres, à quelle hauteur s'élèvera-t-elle, après avoir touché 3 fois la table?

226. — Une ménagère achète de la toile* à 1ᶠ,70 le mètre pour faire une douzaine de chemises. Sachant qu'il faut 3 mètres de toile blanchie pour faire une chemise, et que la toile neuve diminue de 1/18 par le blanchissage, à combien s'élèvera la dépense ?

227. — Chaque battement d'une pendule équivaut à 2/3 de seconde. On a compté 12 battements de cette pendule depuis l'instant où l'on a aperçu un éclair jusqu'à celui où l'on a entendu le bruit du tonnerre. A quelle distance se trouve-t-on du nuage orageux, le son parcourant 340 mètres par seconde ?

228. — Trois ouvriers sont occupés à biner * un plant de bois. Le premier, pour en biner 1 are, met 1 heure, le deuxième 50 minutes et le troisième 45 minutes seulement. La contenance du bois étant de 265 ares et les ouvriers travaillant 10 heures par jour, combien de temps durera ce travail ?

229. — Un maître de pension a reçu pendant une année à son école 75 élèves. Les 2/5 des élèves sont venus pendant 11 mois, les 5/9 des élèves restants sont venus pendant 9 mois, 15 sont venus pendant 6 mois et le surplus n'est venu que pendant 3 mois. Le traitement par élève présent étant fixé à la somme de 1^f,75 par mois, on demande quel a été le revenu total de la pension pour cette année-là, y compris un supplément de 600 fr. pour un élève pensionnaire.

230. — Un ouvrier ferait un ouvrage en 15 jours, un autre en 12 jours et un troisième en 10 jours. S'ils travaillent tous ensemble, en combien de temps sera fait l'ouvrage ?

231. — Il y a dans une fabrique 25 hommes, 40 femmes et 10 enfants. La paye journalière est de 170 fr. ; 6 femmes gagnent autant que 8 enfants et 8 hommes gagnent autant que 12 femmes. Quels sont les prix : 1° d'une journée d'homme ; 2° d'une journée de femme, et 3° d'une journée d'enfant ?

232. — Un homme travaillant seul ferait un ouvrage en 2 jours 1/2 ; sa femme seule le ferait en 2 jours 2/3 ; et enfin leur enfant mettrait 4 jours 4/9. Si on les emploie tous les 3 ensemble, en combien de temps l'ouvrage sera-t-il achevé ?

233. — Une femme a porté des œufs au marché. Elle en a cassé 1/2 douzaine ; elle a vendu le 1/3 du reste 0^f,05 pièce ; les 3/5 du reste à raison de 0^f,80 la douzaine, et enfin elle vend le reste, moins 2 qu'elle donne à un pauvre, pour 2^f,25, à raison de 0^f,45 la 1/2 douzaine. Combien avait-elle d'œufs et quelle somme a-t-elle reçue ?

234. — Combien faudra-t-il moudre d'hectol. de blé pesant 80 kilogr., pour obtenir 15 sacs de farine pesant 159 kilogr. le sac, en supposant que le blé rende en farine les 3/4 de son poids ?

235. — On partage un terrain en 2 parties. Les 2/5 de la première égalent les 3/7 de la deuxième. Ce terrain acheté 0^f,20 le mètre carré a coûté 2 320 fr. Trouvez les 2 parties de ce terrain?

236. — Dans un champ de luzerne de 2 hectom. carrés on a fait 2 coupes : la première, à cause de la sécheresse, n'a donné que 2 500 kilogr. de fourrage par hectare. D'abondantes pluies ont fait rendre à la deuxième 1/5 en plus de la première. Le tout étant vendu 35 fr. les 100 bottes de 5 kilogr. chacune, dites la valeur de cette récolte.

237. — L'avoine pèse 50 kilogr. l'hectol. et elle se vend en moyenne 6 fr. la mesure d'un 1/2 hectol. ou 25 kilogr. En la vendant 6 fr. les 50 litres sans garantie de poids, de combien frauderait un cultivateur qui mouillerait 40 hectol. d'avoine et obtiendrait ainsi un accroissement de 1/20 de son volume?

238. — Un garçon de recette a touché dans une maison 10 000 fr., savoir : 2 250 fr. en billets, les 2/5 du reste en or, et le reste en argent. Quel est le poids de ce qu'il a reçu en métal?

239. — Combien faut-il payer pour solder un achat de 64 quintaux 1/2 de fécule* à 38 fr. les 100 kilogr., et combien pèse la somme reçue par le vendeur, si on lui a donné 930 fr. en or, les 5/6 du reste en argent et le reste en monnaie de bronze?

240. — La densité * de l'eau de mer étant 1,026, on demande la capacité d'un vase plein d'un mélange d'eau de mer et d'eau distillée pesant 513 décagr. L'eau de mer forme les 57/95 du poids total.

241 — Le blé rend par hectare 25 hectol. du poids de 80 kilogr., le seigle 20 hectol. pesant 76 kilogr. et l'avoine 35 hectol. pesant 50 kilogr. Le rendement de la paille est pour le blé 2 fois son poids de grain, 2 fois 1/4 pour le seigle et 1 fois 4/5 pour l'avoine. Si on admet comme moyenne valeur de l'hectol. de blé 25 fr., 16 fr. pour le seigle, 10 fr. pour l'avoine, et 3 fr. en moyenne le prix d'un quintal de paille, dites la valeur de la récolte d'un hectare de chacune de ces 3 céréales.

242. — Un cultivateur, pour amender* un champ d'une contenance de 2 setiers * (mesure qui vaut environ 40 ares), y met 375 kilogr. de chaux par hectare. Cette chaux, dont la densité est les 3/4 de celle de l'eau, lui coûte 1ᶠ,50 l'hectol. Combien dépensera-t-il de chaux pour cet objet?

243. — Un cultivateur achète des chevaux, des vaches et des moutons pour 19 800 fr. Les moutons forment les 4/5 du nombre total des bestiaux achetés, et coûtent 30 fr. pièce ; le nombre des vaches, qui coûtent 500 fr. pièce, est égal aux 3/20 de celui des moutons; enfin, les chevaux coûtent 600 fr. pièce et sont de 1/3 moins nombreux que les vaches. Combien a-t-on acheté de bêtes de chaque espèce?

244. — On a acheté un lot de moutons à raison de 27 fr. le mouton; on l'a revendu en plusieurs lots   le 1/4 à raison de 20 fr.; les 2/9 à raison de 28 fr., les 7/20 à raison de 35 fr.; et le reste à raison de 40 fr. pièce. De la sorte on a gagné 7 740 fr. Combien avait-on acheté de moutons?

245. — On demande à un berger le nombre de ses moutons; il répond : « Si, au double de ce que j'ai, on ajoutait le triple du quart et le sextuple du douzième plus 5, cela ferait 200. » Combien en a-t-il ?

AUTRES PROBLÈMES SUR LES FRACTIONS

DONNÉS DANS LES CONCOURS ET LES EXAMENS.

246. — Réduire au même dénominateur les fractions 5/9, 3/8, 7/12, et en faire l'addition. Exposer la règle.

(Brevet élémentaire.)

247. — Un ouvrier dépense le 1/3 de ce qu'il gagne pour sa nourriture, le 1/8 pour son habillement et son logement, et le 1/10 en menus frais. Il économise chaque année 318 fr. Combien gagne-t-il par an?

(Certificat d'études primaires.)

248 — Un homme partage son bien entre ses 2 filles; à la première il donne le 1/3 de sa fortune; à la deuxième 2 000 fr. de plus qu'à la première; il garde pour lui 2 000 fr. Trouver la fortune du père et ce qu'il a donné à chacune de ses filles?

(Brevet élémentaire.)

249. — Une pompe peut épuiser un bassin en 7 heures 1/2, un autre l'épuiserait en 5 heures. Si on les fait fonctionner en même temps, combien faudra-t-il d'heures pour épuiser le bassin?

(Certificat d'études primaires.)

250. — Un champ non plâtré fournit 276 bottes de trèfle de $7^{kg},5$; plâtré il donne 1/4 en plus. Quel est le bénéfice donné par le plâtre, si le foin se vend $10^f,50$ les 100 kilogr.?

(Brevet élémentaire.)

251. — Une personne a loué $5^{ha},27^a,92^{ca}$ au prix de 62 fr. la mesure du pays, contenant $42^a,91^{ca}$. Elle dépense pour engrais et ensemencements, labours et main-d'œuvre ⋆, $243^f,75$ par hectare; la récolte est vendue avec un bénéfice dont la 1/2 est versée au bureau de bienfaisance, et on trouve que la partie qui reste de ce bénéfice est encore les 7/54 de la vente totale. Chercher le prix de la vente totale, à 0,001 près, par défaut.

(Comp. donnée aux élèves-maîtres de l'école normale.)

252. — Donner la théorie de la division d'un nombre entier par une fraction, sur l'exemple, 25 divisé par 5/8?

(Brevet élémentaire.)

253 — Un homme laisse, par testament ⋆, une somme à distribuer de la manière suivante :

2/3 à son fils;

1/4 à sa fille ;

Les 2/5 du reste à un neveu ;

Le nouveau reste à un hospice.

Quelle est, à un centime près, la part de chaque héritier, si l'hospice, après le décès, recueille 32 500 fr. ?

(Brevet élémentaire.)

254. — Un particulier qui a un revenu annuel de 4 200 fr., reconnaît, en examinant ses comptes, qu'il a dépensé, du 1er janvier au 17 octobre inclusivement, la somme totale de 2 531f,25. Sachant que ce particulier veut économiser les 42/147 de son revenu annuel, on demande à combien il doit fixer la dépense de chaque jour pendant le reste de l'année?

(Brevet élémentaire.)

255. — On veut fumer une propriété en employant par hectare 10 mètres cubes de fumier, coûtant 3f,75 par mètre cube. Cette propriété est les 4/5 d'une autre dont la fumure coûterait 468f,75. Combien de mètres cubes de fumier devra-t-on employer, et quelle est la surface de cette propriété?

(Brevet élémentaire.)

256. — Trouver un nombre dont la 1/2, les 2/3 et les 3/4 réunis donnent 138.

(Brevet élémentaire.)

257. — Un vase contient le 1/3 de sa capacité de mercure *, les 3/5 du reste d'eau et le restant d'huile *. Son poids est alors de 5 kilogr. ; vide, il ne pèse que 1 120 grammes. Trouver sa capacité, sachant qu'un centimètre cube de mercure pèse 13gr,6, et un centimètre cube d'huile 0gr,9.

(Brevet supérieur.)

258. — Deux personnes possèdent chacune une somme; celle de la première est double de celle de la deuxième; celle-ci augmente son avoir des 2/3 de cet avoir ; elle possède alors 10 000 fr. La première, au contraire, perd les 2/5 de ce qu'elle a. On demande ce que possède actuellement la première et ce que possédait primitivement la seconde.

(Brevet élémentaire.)

259. — On paie 142 fr. pour 5 pièces de toile * contenant chacune 10 mètres 1/7. Combien coûte le mètre de cette toile?

(Brevet élémentaire.)

260. — Un nombre, moins la 1/2 de son 1/7, égale 1. Quel est ce nombre?

(Brevet élémentaire.)

261. — On mêle 7l,40 d'eau avec 30l,80 de cidre. Combien chaque litre de mélange contient-il d'eau et de cidre ?

(Brevet élémentaire.)

262. — Une personne achète 8 tonneaux de vin contenant 230 litres chacun; elle paie, par hectol., 15f,75 d'acquisition,

3ʳ,50 de transport, 2ʳ,30 de droits. Il y a dans chaque tonneau 4 litres 3/4 de lie*. A combien revient le litre de vin clair?
(Certificat d'études primaires.)

263. — Partager 630 fr. entre 2 personnes, de manière que la part de la deuxième soit les 3/4 de la part de la première.
(Certificat d'études primaires.)

264. — Une personne brûle chaque jour les 4/5 d'un seau de charbon de terre contenant 19ᵏᵍ,8 de charbon. On sait que 9 hectol. 1/2 de charbon coûtent 40ʳ,85 et que l'hectol. pèse 83ᵏᵍ,700. Combien cette personne dépense-t-elle pour son chauffage depuis le 1ᵉʳ novembre jusqu'au 31 mars suivant?
(Certificat d'études primaires.)

265. — Un cultivateur a ensemencé les 3/5 de ses terres en blé, 1/7 en avoine; le surplus, cultivé en prairies artificielles*, comprend 7ʰᵃ,20. Combien de terres exploite ce cultivateur?
(Certificat d'études primaires.)

266. — Trois ouvrières travaillant dans un atelier* de confection* six jours par semaine reçoivent pour salaire, au bout de la quinzaine, la somme de 100ʳ,80. Comment cette somme doit-elle être répartie, sachant que dans un jour la deuxième fait les 3/4 de l'ouvrage fait par la première, et la troisième les 2/3 de ce que fait la seconde? Quel sera le gain quotidien de chacune d'elles?
(Brevet élémentaire.)

267. — Un atelier* occupe 37 hommes dont chacun reçoit une paye de 5 fr. par jour, et un certain nombre de femmes qui reçoivent chacune, par jour, les 7/10 de la paye d'un homme. Le montant de la paye des ouvriers et ouvrières pour les 6 jours de la semaine s'élève à 1467 fr.

Dire d'après cela :

1° Le nombre des femmes occupées dans l'atelier;

2° Le gain de chacune d'elles par jour et par semaine
(Certificat d'études primaires.)

268. — Dire les fractions équivalentes à 3/8, et qui aient pour numérateurs 6, 51, 33, 39, 48.
(Certificat d'études primaires.)

269. — Sur un champ de 45 ares en luzerne, on a pu faire dans l'année 3 coupes, dont la troisième a donné 540 kilogr. de fourrage sec. Sachant que la première coupe a été les 3/5 de la deuxième, et la troisième les 3/8 de la deuxième, on demande : 1° le produit brut* de ces 3 coupes, à raison de 6ʳ,50 le quintal métrique; 2° le même produit brut pour une étendue d'un hectare.
(Certificat d'études primaires.)

270. — Deux moissonneurs se sont présentés pour moissonner un champ de 756 ares. Le premier ferait le travail en 25 jours 2; le

2.

deuxième en 18 jours 9. On les fait travailler ensemble. Dites combien il leur faudra de temps, et combien chacun devra recevoir, l'ouvrage étant payé 275^f,94.

271. — Trouver, par des calculs aussi simples que possible, la somme des fractions

$$\frac{33}{88}, \quad \frac{30}{96}, \quad \frac{35}{32}, \quad \frac{36}{32}.$$

(Brevet supérieur.)

CHAPITRE CINQUIÈME

PROBLÈMES SUR LES RAPPORTS ET LES RÈGLES DE TROIS EN GÉNÉRAL.

272. — Un domestique devait recevoir 228 fr. pour une année de gages, mais il a quitté avant son terme et n'a reçu que 252 fr. : combien de temps a-t-il servi, tous les mois de l'année étant comptés de 30 jours chacun?

273. — Dans une citadelle *, 50 soldats ont des vivres pour 108 jours, mais on augmente la garnison * de 625 hommes : combien les vivres dureront-ils de temps?

274. — Un entrepreneur doit faire un ouvrage en 60 jours. Il emploie 15 ouvriers qui travaillent 9 heures par jour. Comme on voudrait qu'il pût avoir terminé 15 jours plus tôt, il fait travailler 1 heure de plus par jour ses ouvriers et il en augmente le nombre. Combien de nouveaux ouvriers emploiera-t-il?

275. — Un propriétaire avait vendu 7 douzaines de moutons à un boucher pour la somme de 1 407 fr., mais celui-ci n'avait que 1 139 fr. ; le vendeur ne voulait pas lui faire crédit, on demande combien le boucher a pu avoir de moutons pour la somme qu'il avait de disponible, en les payant le prix primitivement fixé.

276. — Un ouvrier devait recevoir 66 fr. pour salaire de 24 journées de travail, mais il a quitté avant d'avoir achevé son ouvrage, et n'a reçu que 49^f,50 : combien a-t-il travaillé de jours?

277. — Un ouvrier a reçu 40 fr. pour 16 journées de travail : quelle somme aurait-il reçue, s'il eût travaillé 24 jours de plus?

278. — Deux maçons ont fait un petit bâtiment en 48 journées, en travaillant 10 heures par jour combien auraient-ils été de jours pour le faire, s'ils eussent travaillé 12 heures par jour?

279. — Un ouvrier terrassier avait entrepris la fouille d'un puits de 15 mètres de profondeur, pour la somme de 300 fr., mais il a abandonné son travail à $11^m,50$ de profondeur, et au lieu de payer cet ouvrier en proportion du prix fixé pour l'ouvrage total, on lui a retenu le 1/5 de son travail, comme n'ayant pas fait le plus difficile : quelle somme revenait-il à cet ouvrier ?

280. — Un marchand drapier a acheté en fabrique du drap à 5/6 de large, qu'il a payé 20 fr. le mètre. Quel sera le prix du mètre d'un autre drap de même qualité ayant 7/8 de large ?

281. — Un carrossier, ayant construit une voiture, dit que les roues de derrière ont $3^m,25$ de circonférence, et que les roues de devant sont telles, qu'elles doivent faire 20 tours pendant que celles de derrière en feront 12 : quelle est la circonférence des roues de devant ?

282. — Un tapis est fait d'une étoffe de 5 mètres de long et de $4^m,50$ de large ; combien faudra-t-il de mètres de doublure à $0^m,80$ de large ?

283. — Un industriel * avait entrepris la fourniture de 3 000 mètres de drap, à 5/4 de large, pour l'habillement des troupes ; mais, à la livraison, il se trouva que le drap n'avait pas la largeur voulue, de sorte qu'il fut obligé d'en fournir 3 125 mètres : quelle était la largeur de ce dernier drap ?

284. — Un entrepreneur a payé 110 fr. à son chef de chantier * pour 25 journées de travail : à ce prix, combien celui-ci doit-il gagner par an, supposé, qu'en moyenne, il travaille 24 jours par mois ?

285. — Lorsque le blé vaut 22 fr. l'hectolitre, on paie $0^f,30$ le kilogramme de pain. Combien doit-on payer le pain lorsque le blé vaut $27^f,50$ l'hectolitre ?

286. — Un marchand charitable veut donner 12 fr. aux pauvres toutes les fois qu'il gagnera 150 fr. Quelle somme leur donnera-t-il, sachant qu'il a gagné 2 875 fr.

287. — Une personne laisse en mourant 5 000 fr. pour payer 12 000 fr. de dettes : combien recevra un créancier * à qui il est dû 852 fr. ?

288. — Un chemin de fer prend $37^f,80$ par 1 000 kilogr. pour transporter des marchandises d'un lieu à un autre par petite vitesse. A combien s'élèvera le port d'un colis qui pèse $246^{kil},500$?

289. — Pour parqueter une chambre, on a employé 60 planches de $0^m,21$ de largeur. On veut en parqueter une autre moins grande de 1/3 et on veut employer des planches de $0^m,14$ de largeur. Combien en faudra-t-il ?

290. — Un épicier revend 276 fr. une marchandise qui lui coûte 240 fr., et un drapier revend $618^f,30$ ce qu'il a payé 540 fr. Quel est celui qui gagne le plus proportionnellement ?

291. — Un champ rectangulaire a 120 mètres de long sur 100 mètres de large. Le plan de ce champ n'a pour dimensions que $0^m,012$ sur $0^m,010$. On demande . 1° à quelle échelle il est fait; 2° le rapport qu'il y a entre la surface du plan et la surface réelle.

292. — En supposant qu'en France $55867^{ha},86$ de terre produisent 695 300 hectol. de froment, calculer la production d'une propriété de $2^{ha},70$ située en France?

293. — Douze ouvriers en 4 jours ont élevé un mur de 60 mètres de long sur $3^m,50$ de hauteur et $0^m,40$ d'épaisseur. Combien leur faudra-t-il de temps en leur adjoignant 3 autres ouvriers de même force, pour entourer d'un mur de même hauteur, mais de $0^m,50$ d'épaisseur, un terrain rectangulaire de 40 mètres de long sur 25 mètres de large?

Pour avoir le développement du mur il convient de déduire du total des 4 murs, 4 fois l'épaisseur de ces murs, à cause des 4 angles.

294. — Je dois aller d'un point à un autre du département. Sur une carte dressée à 1/440 000 la distance à parcourir est de $0^m,15$. Étant parti à 5 heures 1/4 du matin, à quelle heure puis-je espérer arriver, si je mets 1 h. 40 m. pour faire un myriamètre et si je m'arrête 3/4 d'heure en route?

295. — Me trouvant au pied d'une tour, il me prend fantaisie de mesurer l'ombre qu'elle projette : je trouve $31^m,25$. Mesurant également celle d'un arbuste à proximité, je trouve 4 mètres. Je mesure cet arbuste, et je lui trouve $1^m,60$ de hauteur. Dites d'après cela quelle est la hauteur de la tour.

296. — Quel volume d'eau de mer faut-il faire évaporer pour obtenir un quintal de sel, si 4 kilogr. d'eau de mer renferment 100 grammes de sel, un litre d'eau de mer pesant 25 grammes de plus qu'un litre d'eau pure?

297. — Sur un globe géographique de $2^m,50$ de circonférence, 2 villes sont à une distance de $0^m,325$. Quelle est en myriamètres la distance réelle de ces deux villes, en supposant que ce globe ait été établi avec précision?

298. — Un industriel fait venir de Cuba ✶ 50 sacs de cacao ✶ pesant net chacun 120 kilogr. Combien avec cela pourra-t-on faire de chocolat? Il y a 1/6 de déchet ✶ dans l'apprêtage du cacao, et pour faire le chocolat on mêle du sucre au cacao dans la proportion de 3 à 5.

299. — Trois hommes, l'un à pied, le deuxième en vélocipède ✶ et le troisième à cheval, sont partis ensemble d'un même point à 9 heures du matin et sont arrivés au but désigné . le cavalier à 11 heures, le vélocipédiste à 11 heures 1/2 et le piéton à 2 heures du soir. Indiquer le rapport de la vitesse du cavalier à celles des 2 autres personnes.

300. — On emploie 24 000 kilogr. de fumier de ferme contenant 6/1000 de son poids d'azote ✶. Si on employait de la suie qui en contient 1 1/4 0/0, combien en faudrait-il pour remplir le même but?

CHAPITRE SIXIÈME

PROBLÈMES SUR L'INTÉRÊT ET L'ESCOMPTE.

301. — Une somme, prêtée à 4 0/0 par an, a produit 168 fr. d'intérêts en 3 ans 1/2 : quelle est cette somme ?

302. — A quel taux place-t-on son argent, en achetant pour 24 000 fr. une maison qui rapporte 900 fr. de loyer par an ?

303. — Un rentier* place 4 600 fr. à 3 1/2 0/0, et il ne doit toucher les intérêts simples que lors du remboursement. A cette époque il reçoit en tout 5 727 fr. : pendant combien de temps ce capital a-t-il été placé ?

304. — Un négociant a acheté du vin à 80 fr. la pièce, et, 2 ans plus tard, il l'a revendu 116 fr. : combien son argent lui a-t-il rapporté d'intérêt 0/0 par an ?

305. — Une personne doit 1 200 fr. et elle s'est engagée à payer 100 fr. par mois : combien devra-t-elle en plus, à la fin de l'année, pour les intérêts calculés à 6 0/0 par an ?

306. — Un chemin de fer, dont les actions * sont de 500 fr., a donné 42ᶠ,50 de dividende * par action ; à quel taux les actionnaires ont-ils placé leur argent en prenant de ces actions ?

307. — A quel taux faut-il placer une somme de 52 000 fr. pour obtenir un revenu de 35 fr. par semaine ?

308. — Une personne a placé une somme au taux de 3 0/0. Son revenu journalier est de 3ᶠ,60. Combien a-t-elle placé ?

309 — Pierre ayant prêté à Jean, le 1ᵉʳ avril, 600 fr. à raison de 3 0/0 d'intérêt par an, Jean vient, le 15 novembre suivant, lui rembourser la somme et les intérêts. Faites le reçu de Jean. Tous les mois seront comptés de trente jours.

310. — Ayant emprunté le 15 septembre à M. Antoine la somme de 300 fr., remboursable le 10 avril suivant, avec intérêt à 4 0/0, je lui fais un billet* à ordre payable à cette époque. Quel sera le montant de ce billet (capital et intérêt) ?

311. — Une personne ayant prêté à une autre 600 fr. à 3 0/0, reçoit à l'époque du remboursement 612ᶠ,75. Au bout de combien de temps a eu lieu ce remboursement ?

312. — On a acheté une terre de 306ᵃ,50 pour 4 500 fr., plus un décime* pour frais. On loue cette terre 66 fr. l'hectare. A quel taux place-t-on son argent ?

313. — Quelle somme ai-je prêtée à Jean le 15 janvier, si, le 1ᵉʳ mars de l'année suivante, la somme qu'il me rembourse, y compris les intérêts à 5 0/0, dépasse de 13',50 celle que je lui ai prêtée?

314. — Quelle est la somme qui, placée à 5 0/0 pendant 4 ans, 5 mois et 10 jours a produit 9 900 fr., capital et intérêt compris?

315. — Une personne ayant emprunté, à 4 1/2 0/0 par an, une certaine somme le 1er mars, a rendu le 15 décembre, pour capital et intérêts, la somme de 4 071 fr. Quelle somme avait-elle empruntée?

316. — Un propriétaire a acheté un terrain d'une contenance de 1 020 ares pour 15 300 fr. A quel prix doit-il louer l'hectare, pour que son capital lui rapporte 4 0/0?

317. — Avec les intérêts simples d'une somme placée à 4 1/2 0/0 pendant 10 ans, une personne a pu acheter un champ de 6 arpents* (voir n° 191) à 1 500 fr. l'hectare. Quel était le capital?

318. — Une personne avait placé 25 000 fr. qui lui rapportaient 3 0/0. Ayant retiré 10 000 fr. pour payer une dette, elle replace le reste et son revenu reste le même. A quel taux a-t-elle fait ce dernier placement?

319. — Une personne vend une propriété de 12 hectom. carrés, avec une maison de campagne. La maison est vendue 6 660 fr., et la terre 2 000 fr. l'hectare. Cette personne place à 3 0/0 le montant de cette vente. Quel revenu s'est-elle ainsi assuré?

320. — Un commerçant fait venir de Marseille 4 caisses de savon pesant chacune, net, 1 quintal 1/4, à raison de 76 fr. les 100 kilogr. Le vendeur consent à faire traite * sur lui à 3 mois, mais avec l'intérêt à 6 0/0. Combien l'acheteur paiera-t-il?

321. — Un propriétaire afferme * à raison de 35 fr. l'arpent (considéré comme un 1/2 hectare), 120 hectares de terre dont 1/3 coûte 1 800 fr. l'hectare et le reste 2 100 fr. Les contributions * sont payées par le fermier. A quel taux ce propriétaire place-t-il son argent?

322. — Un propriétaire vend à raison de 2 000 fr. l'hectare une partie de ses propriétés. Il place le montant de cette vente à 5 0/0, et il se trouve avoir ainsi augmenté de 5 fr. son revenu journalier. Combien a-t-il vendu d'hectares de terre?

323. — Une personne ayant emprunté, le 10 janvier, 730 fr. à 5 0/0, verse, lors du remboursement, la somme de 745 fr. pour capital et intérêts. Quel jour a eu lieu ce remboursement? (On comptera le jour du prêt et celui du remboursement, et l'année de 365 jours.)

324. — Une personne a placé, le 1er janvier, les 2/5 d'une somme à 4 0/0 et le reste à 5 0/0. Le 1er octobre suivant, elle touche 172',50 d'intérêts. Quelle somme avait-elle placée?

325. — Une personne a placé une somme de 20 000 fr. savoir le 1/4 à 4 0/0, les 2/5 à 4 1/2 0/0 et le reste à 5 0/0. Ayant ultérieurement retiré toutes ces sommes, elle les place à un taux unique et son revenu est augmenté de 190 fr. A quel taux a-t-elle placé son avoir en dernier lieu?

326. — Une personne place les 3/4 d'une certaine somme à 4 1/2 0/0 et le reste à 5 0/0. Au bout de l'année, elle retire 25 110 fr., capital et intérêts compris. Quelle somme avait-elle placée?

327. — Une personne a placé une somme de 4 417',50, partie à 5 1/2 0/0 et partie à 4 0/0. Chacune de ces 2 parties lui donne le même revenu. Quels sont les 2 capitaux?

328. — Que devient, au bout de 5 ans, un capital de 6 000 fr. placé à 3 0/0, à intérêts composés?

329. — Un propriétaire a vendu un champ de 3 hectares 1/5. Il place à 4 0/0, à intérêts composés, le produit de cette vente. Au bout de trois ans il retire, capital et intérêts, une somme de 9 411',90. Combien avait-il vendu l'hectare de terre?

330. — Une personne, ayant emprunté une somme d'argent pour onze mois, a souscrit un billet * de 4 500 fr. qui représentent le capital et l'intérêt de 11 mois au taux de 3 0/0 par an. Quelle somme a-t-elle empruntée?

331. — Un rentier a placé 10 000 fr., partie à 5 0/0 et partie à 4 1/2 0/0, de manière qu'il retire 458 fr. d'intérêts du capital ci-dessus : quelle partie de ce capital est donc placée à chacun des deux taux désignés?

332. — La caisse * d'épargne paie l'intérêt à 2 1/2 0/0 ; de plus, cet intérêt est capitalisé tous les ans, ce qui signifie qu'à la fin de chaque année, les intérêts sont calculés, et portent eux-mêmes intérêt pour le temps suivant : d'après cela, quel est, au bout de 2 années, le montant du livret * d'un ouvrier qui y a déposé régulièrement 10 fr. chaque mois?

333. — Un ouvrier économe met régulièrement, depuis 6 ans, 12 fr. par mois à la caisse * d'épargne. Après ce temps, il veut retirer ses fonds pour acheter un établissement : quelle somme lui revient-il, les intérêts étant capitalisés tous les ans, comme il est dit ci-dessus?

334. — Un particulier retire 963 fr. de revenu annuel d'un capital de 20 000 fr. placé à intérêt, dont une partie à 4 1/2 0/0, et l'autre partie à 5 0/0 : on den ..nde quelle est la somme placée à chacun des taux ci-dessus désignés?

335. — Un rentier dit que ses propriétés lui rapportent 2 1/2 0/0 de revenu net *, de sorte qu'il peut dépenser 8',50 par jour, en comptant l'année de 305 jours : d'après ces indications, en demande de trouver le montant de sa fortune.

336. — Que doit donner un banquier * à qui l'on a fait escompter, à 3 0/0, un billet * de 1 254 fr., payable dans 9 mois?

337. — On présente à un banquier un billet * de 2 100 fr.

payable dans 18 mois. Quelle somme en donnera-t-il, s'il l'escompte à 3 0/0?

338. — Sur un billet* ayant encore 35 jours à parcourir, escompte à 3 0/0, on a retenu 8',50, quel est le montant du billet?

339. — On présente le 20 mai à un banquier* un billet de 3 800 fr. payable le 15 décembre suivant. Quelle somme donnera-t-il, l'escompte étant calculé à 2 1/2 0/0 pour 360 jours?

340. — Un banquier donne 471',50 pour un billet de 480 fr., payable dans 8 mois 1,2. A quel taux l'a-t-il escompté?

341. — On présente a un négociant 3 billets : le premier de 500 fr., payable dans 6 mois; le deuxième de 800 fr., payable dans 3 mois, et le troisième de 1000 fr., payable dans 1 an. Il remet en échange des 3 billets une somme de 2 256',50. A quel taux les a-t-il escomptés?

342. — On doit payer une somme de 1 935 fr. dans 18 mois. Si l'on veut s'acquitter tout de suite, quelle somme faudra-t-il verser? (On comptera les intérêts à 5 0/0.)

343. — Un commerçant achète 65 pièces de vin à raison de 95',50 la pièce. Ne pouvant payer comptant, il fait un billet payable dans 9 mois. Quel devra être le montant de ce billet, en tenant compte de l'escompte à 3 0/0 par an?

344. — Un commerçant achète 2 460 kilogr. de fer à raison de 45 fr. le quintal*. Il en paye le 1/3, et fait pour le reste un billet payable 10 mois après. Quel sera le montant du billet en tenant compte des intérêts à 5 0/0?

CHAPITRE SEPTIÈME

PROBLÈMES SUR LES RENTES.

345. — Une rente 3 1/2 0/0 étant au cours* de 103',25, quelle somme doit-on verser pour avoir une rente de 600 fr.?

346. — En achetant des rentes 3 1/2 0/0 au cours de 104',25, à quel taux réel place-t-on son argent?

347. — Un capitaliste* a versé 52 095',80 pour avoir 1 740 fr. de rente 3 0/0 : quel était le cours* de cette rente?

348. — A quel taux réel ce capitaliste a-t-il placé son argent?

349. — Un courtier* de commerce achète 2 820 fr. de rente 3 0/0, au cours de 101',80; et il les revend immédiatement au cours de 102',25 : combien a-t-il gagné?

350. — Un agent* de change avait acheté 840 fr. de rente

3 1/2 0/0, au cours de 104ʳ,25, et il les a revendues au cours de 104ʳ,10 ; combien a-t-il perdu dans cette affaire?

351. — Un joueur* de bourse* achète 2 000 fr. de rentes 3 0/0, au cours de 101ʳ,10, et il les revend le lendemain avec un bénéfice de 400 fr. : à quel cours cette rente était-elle remontée?

352. — Quelle somme faut-il verser pour acheter 1000 fr. de rente 3 0/0 au cours de 102ʳ,10?

353. — A quel taux réel place son argent une personne qui achète des rentes 3 0/0 au cours de 102ʳ,50?

354. — Une personne achète 500 fr. de rentes 3 0/0 au cours de 99ʳ,80 elle les revend plus tard au cours de 101ʳ,30. Combien gagne-t-elle?

355. — A chaque semestre*, un rentier touche 600 fr. de rente 3 0/0. A quel taux a-t-il placé son argent, s'il a acheté cette rente au cours de 103 fr.?

356. — Le gouvernement ayant fait un emprunt 3 0/0 au cours de 98ʳ,50, une personne souscrit pour 400 fr. de rente. Au bout d'un certain temps, elle vend ses titres de rente au cours de 103 fr., quel bénéfice réalise-t-elle?

357. — Pour payer une dette de 4 800 fr. on donne 12 obligations* de chemins de fer au cours de 320 fr. et un titre de 20 fr. de rente 3 0/0 au cours de 102 fr. Combien devra-t-on donner en numéraire* pour parfaire la somme?

358. — Un oncle meurt en laissant son héritage à un neveu et 2 petits-neveux. Le neveu à lui seul doit en avoir la moitié : l'autre moitié sera partagée entre les 2 petits-neveux. Quelle somme reviendra-t-il à chacun, l'héritage se composant d'une maison qui a été vendue 6 500 fr., de 5 hectares 1/4 de terre vendue 18 fr. l'are, et d'un titre de 300 fr. de rente 3 0/0 vendue au cours de 100ʳ,50.

359. — Une personne veut savoir lequel est le plus avantageux pour elle, d'acheter de la rente 3 1/2 0/0 au cours de 104 fr., ou des obligations* de chemin de fer rapportant 15 fr. d'intérêt au cours de 459ʳ,20. Quel est le taux réel de ces deux placements?

360. — Un propriétaire a des rentes sur l'État qui lui procurent un revenu journalier de 12 fr. Afin d'augmenter ce revenu, il vend, à 2 100 fr. l'hectare, une pièce de terre de 2 336 ares, et avec l'argent il achète des rentes 3 0/0, au cours de 100ʳ,80. Dans quelle proportion son revenu est-il augmenté?

CHAPITRE HUITIÈME

PROBLÈMES SUR LE TANT POUR CENT EN GÉNÉRAL ET SUR LES BÉNÉFICES ET LES PERTES POUR CENT.

361. — Le blé donne 83 0/0 de son poids de farine. D'après cela, quelle quantité de farine obtiendra-t-on de 35 sacs de blé pesant chacun 147 kilogr. ?

362. — On convertit en amidon* 12 sacs de blé de 1 hectolitre 1/2, pesant 80 kilogr. l'hectol. Ce blé rend en farine 75 0/0 de son poids et la farine 65 0/0 d'amidon. Quel sera le prix de l'amidon qu'on en retirera à raison de 50 fr. les 100 kilogr. ?

363. — Un épicier fait venir une caisse de savon contenant 32 briques d'un poids moyen de 4 kilogr. Il paie ce savon 72 fr. le quintal, et le transport lui coûte 3^f,84. Combien devra-t-il vendre le demi-kilogr. pour gagner 20 0/0 ?

364. — On achète pour 15 228 fr. un terrain de 6^{ha},9^a,12^{ca} On veut, en le revendant, gagner 8 0/0. Combien faut-il revendre le mètre carré ?

365. — Il faut 3 mètres de toile pour faire une chemise et la façon coûte 19^f,80 la douzaine. Un marchand en fait confectionner 6 douzaines 1/2 avec de la toile qui coûte 1^f,95 le mètre. Combien gagnera-t-il en tout et pour 0/0 s'il les revend 8^f,25 pièce ?

366. — Un sac de blé de 1^{hl},5 pèse 120 kilogr. Il rend en farine 75 0/0 de son poids. Le reste, moins 2 kilogr. de déchet*, ou évaporage, est du son. Quelle est, après la mouture, la valeur d'une récolte de 120 hectolitres de blé, si l'on vend la farine 50 fr. et le son 18 fr. le quintal ?

367. — Un cabaretier a acheté un fût d'eau-de-vie* de 50 litres à raison de 75 fr. l'hectol. Il paye 0^f,90 de droits par litre. Les autres frais peuvent être évalués 0^f,05 par litre. Il veut en la vendant en détail 0^f,10 les 5 centilitres, gagner 40 0/0 sur le prix de revient. Combien ajoutera-t-il de litres d'eau ?

368. — Une boîte de plumes contient 12 douzaines de plumes (une grosse). On a acheté 5 boîtes à 0^f,75 la boîte, 3 à 0^f,80, 5 à 0^f,95 et 4 à 1^f,40. Combien gagne-t-on pour 0/0 en donnant indistinctement 5 de ces plumes pour 0^f,05 ?

369. — On a acheté 45 objets qu'on a revendu avec un bénéfice de 12 1/2 0/0. Avec ce bénéfice on a pu faire un achat de

2 pièces de vin de 225 litres à 50 fr. l'hectol. Combien avait-on payé un objet?

370. — Un épicier achète du café vert* à raison de 3^f,60 le kilogr. Le café étant brûlé perd 1/5 de son poids. Combien l'épicier devra-t-il revendre le kilogr. de café pour gagner 20 0/0 sur le prix d'achat?

371. — Quelle sera, à raison de 1^f,80 le pain de 4 kilogr., la valeur du pain que l'on pourra faire avec un sac de blé de 150 litres, sachant que le poids du blé est les 4/5 de celui de l'eau, qu'à la mouture le blé perd 18 0/0 de son poids, et que 3 kilogr. de farine donnent 4 kilogr. de pain?

372. — Une personne a fait, avec sa récolte de pommes, du cidre pur, avec lequel elle a rempli une pipe* de 400 litres. Elle en a retiré ensuite de quoi remplir un baril de 2 décal. 1/2, et a mis de l'eau à la place. Après en avoir bu 80 litres, elle remplit de nouveau le fût avec de l'eau. Dire alors combien 0/0 la boisson contient de cidre pur.

373. — Une revendeuse revend des artichauts 4^f,20 la douzaine; si elle les vendait 0^f,10 de plus la tête, elle gagnerait 80 0/0. Combien les a-t-elle achetés la pièce?

374. — Un marchand a acheté 45 hectolitres de blé à raison de 30 fr. l'hectol. et 75 doubles décal. de seigle à 2 fr. le décal. Combien gagne-t-il pour 0/0 en vendant l'hectolitre de méteil* 30^{f}25?

375. — Un marchand de vin a acheté 25 pièces de vin de 228 litres à 114 fr, les 2 hectol. 1/2. Il revend son vin avec un bénéfice de 7 1/2 0/0 sur le prix d'achat. On demande le prix d'achat, le prix de vente, et le bénéfice du marchand.

376. — Une ménagère soigneuse, ayant ramassé des débris de ferraille, en a vendu à un brocanteur* 18 kilogr. à raison de 15 cent. le kilogr. Quelle somme a-t-elle reçue et combien pour 0/0 gagne le brocanteur, qui revend cette ferraille 36 fr. les 100 kilogr?

377. — Un épicier a acheté un fût d'huile* d'éclairage de 225 litres à 108 fr. l'hectol. Le transport lui a coûté 7 fr. En la revendant en détail, il a gagné 23^f,12 0/0. A quel prix a-t-il vendu le kilogr. de cette huille dont la densité est de 0,912?

378. — Un boucher achète, à raison de 1^f,60 le kilogr. de viande, un bœuf dont le poids total est 660 kilogr. Le bœuf rend 60 0/0 de viande, 10 0/0 de suif*, 15 0/0 d'issues*. Il revend la viande au prix moyen de 1^f,70 le kilogr., le suif 1^f,80 kilogr., la peau 5 fr. et les issues 0^f,20 le kilogr. Si ses frais se montent à 60^f,40, combien gagne-t-il?

379. — Un hectare de colza* peut donner 50 mesures (demi-hectol.) de graine, pesant 100 kilogr. l'hectol. 1/2. La graine de colza vaut 45 fr. le sac d'un hectol. 1/2 et donne 32 0/0 d'huile. Quelle est la valeur de la récolte d'un champ d'une contenance de 3 hectom. carrés et combien en pourra-t-on faire de quintaux d'huile?

380. — On fait venir de la Martinique un vaisseau chargé de 25 tonnes* de café. Le tout, avec le transport, revient à 62 500 fr. On paie à la douane* 150 fr. d'entrée par 100 kilogr. Le café est vendu aux épiciers avec un bénéfice de 10 0/0. Ceux-ci le revendent en détail, après l'avoir torréfié*, 3 fr. le demi-kilogr. Combien gagnent-ils par kilogr., sachant que le café perd par la torréfaction le 1/5 de son poids?

381. — Un spéculateur* achète une propriété de 48 hectares, y compris une maison, pour 144 000 fr. Il y fait des réparations qui augmentant sa dépense d'un demi-cinquième. Il partage le tout en 4 lots égaux. Celui qui renferme la maison est vendu 57 000 fr. Combien devra-t-il vendre chacun des 3 autres lots, s'il veut gagner 25 0/0 sur le tout?

382. — Une personne a un intérêt de 6 0/0 sur les bénéfices d'une opération. Après l'inventaire* son compte s'élève à 1 582^r,20. Quel est le montant des bénéfices?

383. — Un commerçant vend une marchandise avariée avec une perte de 25 0/0. Il en retire 309^r,60. Combien l'avait-il achetée?

384. — En revendant une maison 24 840 fr., on gagne 8 0/0 sur le prix d'achat. Quelle somme avait coûtée cette maison?

385. — Un revendeur a vendu 85 douzaines d'œufs pour 74^r,80, 80 kilogr. de beurre pour 224 fr. et 120 fromages pour 138 fr. De cette façon il a gagné 10 0/0 du prix d'achat sur les œufs, 12 0/0 sur le beurre et 15 0/0 sur les fromages. Trouvez le prix d'achat de la douzaine de fromages, du demi-kilog. de beurre, et de la douzaine d'œufs?

386. — Quand le café vert* coûte 350 fr. la balle* de 100 kilogr., combien un épicier doit-il vendre le kilogr. de café brûlé pour gagner 20 0/0? La torréfaction* enlève au café le 1/5 de son poids?

387. — Un commerçant achète 110 sacs de blé de la contenance de 1 hectol. 1/2, qu'il revend ensuite pour la somme de 5 128^r,20 avec un bénéfice de 11 0/0 sur le prix d'achat. Combien avait-il payé le quintal* de ce blé, l'hectol. de blé pesant 80 kilogr?

388. — Combien faudra-t-il revendre un pain de sucre de 12 kilogr., qui a coûté 1^r,50 le kilogr., pour gagner 10 0/0 1° sur le prix d'achat: 2° sur le prix de vente?

389. — Un marchand ayant acheté une pièce de toile* de 420 mètres, à raison de 12 fr. le décamètre, l'a revendue 630 fr. Combien a-t-il gagné pour 0/0 : 1° sur le prix d'achat, 2° sur le prix de vente?

390. — Un marchand achète une pièce de drap de 120 mètres à raison de 125 fr. le décam. et il veut la revendre avec un bénéfice de 15 0/0. Après en avoir vendu 27 mètres, il en vend encore 9 mètres à une personne qui ne pourra pas le payer. Combien faut-il qu'il vende le mètre de ce qui lui reste pour avoir le même bénéfice?

CHAPITRE NEUVIÈME

PROBLÈMES SUR LES REMISES, RABAIS, RETENUES.

391. — Un épicier achète en gros 12 pains de sucre de chacun 11 kilogr. pour 198 fr. Il paie comptant et bénéficie d'une remise de 2 0/0. Le transport coûte 3ᶠ,96. Combien gagne-t-il en tout en vendant le sucre en détail 0ᶠ,85 le demi-kilogr.

392. — J'achète chez un libraire * 4 douzaines de livres, à 0ᶠ,60 pièce, 2 douzaines d'autres livres à 1 fr. (avec le 13ᵉ gratis), 12 mains de papier à 6 fr. la rame *, et 450 cahiers à 8 fr. le cent. Faites ma facture, sachant que j'obtiens une remise de 25 0/0 pour les livres et de 10 0/0 pour la papeterie.

393. — Un libraire * achète à un éditeur * 48 douzaines de livres dont le prix fort est 1ᶠ,20; il a le 13ᵉ pour rien et jouit d'une remise de 30 0/0. Il en vend les 2/3 par douzaines et donne le 13ᵉ en sus, en faisant une remise de 20 0/0 sur le prix fort, et le reste en détail à 1ᶠ,20 l'exemplaire *. Combien gagne-t-il sur son achat?

394. — Par suite d'une saisie *, on vend des marchandises avec un rabais de 40 0/0. Une personne en achète pour 10 500 fr. y compris 5 0/0, en sus du prix de vente, pour honoraires * de l'huissier *. Quel est son bénéfice?

395. — Un commerçant fait venir d'Amérique * 30 balles * de coton, du poids brut * de 120 kilogr. chacune. Il lui est accordé une tare ou remise de 5 0/0 pour l'emballage. Rendu chez lui, tout ce coton lui est revenu à 4 560 fr. Quel prix avait-il acheté les 100 kilogr. de coton, si les frais de transport et de douane se sont élevés aux 2/3 du prix d'achat?

396. — Un marchand achète 12 exemplaires * à 3ᶠ,50 le volume. Combien doit-il vendre le volume pour gagner 12ᶠ,10, s'il lui est fait une remise de 5 0/0, et s'il en reçoit 13 pour 12.

397. — Un négociant donne 2ᶠ,50 0/0 de remise à un commissionnaire * qui lui place des marchandises. Quelle somme le commissionnaire aura-t-il gagnée, s'il a vendu pour 3 875 fr. de marchandises?

398. — On fait une remise de 4 0/0 sur le prix d'une marchandise à cause de l'emballage. Que devra-t-on payer pour un ballot de marchandises qui pèse 186 kilogr., le prix de cette marchandise étant de 1ᶠ,20 le kilogr. ?

399. — Un épicier détaillant a fait l'emplette * suivante :

1º Une tonne d'huile de 170 litres, qu'il doit payer à raison de 90 fr. l'hectolitre ;

2º 320 kilogrammes de savon de Marseille, à 85 fr. le quintal;

3º 275 kilogrammes de sucre à 140 fr. le quintal.

Comme il paie comptant, le négociant lui fait une remise de 2 centimes par franc : quelle somme doit-il payer?

400. — Un employé reçoit 229ᶠ,60 par mois, déduction faite d'une retenue de 5 0/0. Quel est son traitement annuel?

401. — Une facture a été acquittée par une somme de 184ᶠ,30, déduction faite de l'escompte à 3 0/0. Quel était le montant de cette facture?

402. — Le trésorier d'une société reçoit comme appointements 15 0/0 sur toutes les recettes de cette société. Il a touché dans un trimestre 968ᶠ,04. Quel a été le total des recettes de ce trimestre?

403. — Une facture de 356ᶠ,60 a été acquittée par la somme de 34ᶠ,35. Quel a été le taux de l'escompte?

404. — La remise d'un percepteur * sur ses recettes est de 5,50 0/0; il a versé 8 934ᶠ,20 chez le receveur particulier *. Quel avait été le chiffre de ses recettes?

405. — Un ouvrage coûte 1ᶠ,50; un autre 0ᶠ75; on en prend 2 douzaines de chaque sorte, on a le treizième gratis et un rabais de 25 0/0. Combien payera-t-on et combien gagnera-t-on en les revendant en détail au prix fort?

406. — Un colporteur achète 8 rames (de 80 cahiers, de chacun 6 feuilles) de papier à lettres. Il jouit d'une remise de 10 0/0, il revend le tout en détail pour 64 fr., avec un bénéfice de 32 1/2 0/0 sur le prix de vente. Quel était le prix fort de la rame de papier et combien a-t-il vendu chaque cahier?

CHAPITRE DIXIÈME

PROBLÈMES SUR LES IMPÔTS DIVERS ET LES ASSURANCES.

407. — Dans un bureau de poste, on a vendu dans une année, 150 timbres à 0ᶠ,75, 450 à 0ᶠ,40, 410 à 0ᶠ,30, 9 648 à 0ᶠ15, 1 800 à 0ᶠ,10, 1 000 à 0ᶠ,05, 1 500 à 0ᶠ,02 et 1 800 à 0ᶠ,01. Quelle somme totale a produite la vente de ces timbres, et que revient-il net à l'État qui donne 1 0/0 pour la vente?

408. — 5 enfants héritent de 15 000 fr. Ils ont à payer les droits de succession (1ᶠ,25 0/0), 60 fr. pour inhumation *, 96ᶠ,50 pour honoraires * du notaire * et 100 fr. pour ceux du médecin. Que revient-il à chacun?

409. — Un employé gagne 1 250 fr. par an. A partir du 3ᵉ trimestre *, on l'augmente de 120 fr. par an. Combien aura-t-il reçu dans toute son année, si on lui retient 5 0/0 pour la caisse des retraites?

410. — Pour envoyer une somme en un mandat sur la poste, il faut payer un droit de 0ᶠ,05 par 5 fr. jusqu'à 20 fr.; de 0ᶠ,25 de 20 à 50 fr.; de 0ᶠ,50 de 50 à 100 fr.; de 0ᶠ,75 de 100 à 300 fr.; de 1 fr. de 300 à 500 fr.; et de 25 cent. en plus par 500 fr. ou fraction de 500 fr. excédants. On demande quelle somme il faudra débourser pour un mandat poste de 625 fr., y compris 15 cent. pour l'affranchissement de la lettre d'envoi?

411. — Un cabaretier achète un baril d'eau-de-vie *. Il revend cette eau-de-vie en détail, à raison de 0ᶠ,10 le demi-décilitre, et en retire ainsi une somme de 120 fr. Sachant qu'il a payé un droit de débit égal au prix d'achat, qu'il a ajouté par litre 2 décilitres d'eau, et qu'il a gagné 60 0/0 sur le prix de revient, on demande combien il a payé le litre d'eau-de-vie (sans les droits), et quelle était la contenance du baril.

412. — On a vendu un bois dont la superficie est de 2 kilom. carrés 1/4, à raison de 6 000 fr. l'hect. Sachant qu'il faut ajouter à ce chiffre 5 400 fr. pour honoraires du notaire * et 6ᶠ,875 0/0 pour enregistrement *, à combien s'élèvera la dépense?

413. — Le droit d'enregistrement * des baux * fonciers * étant de 25 cent. par 100 fr. sur le loyer cumulé de toutes les années, on demande combien on devra payer pour l'enregistrement d'un bail de 9 ans d'une propriété de 8 hect., louée à raison de 75 fr. l'hectare.

414. — L'impôt foncier * est basé sur le revenu cadastral * et représente une fraction plus ou moins forte de ce revenu, d'après une proportion qui varie tous les ans et pour chaque commune selon les charges qu'elle a à supporter. Que doit-on payer pour un champ de 2ʰᵃ,50 de terre de 3ᵉ classe, en supposant que le revenu cadastral de cette classe est de 10 fr. par hectare et que l'on doit payer cette année 46 cent. par franc.

415. — J'ai 4 pièces de terre : une de 45 ares de 2ᵉ classe, 2 autres de 4ᵉ classe, d'une contenance de 5ʰᵃ,25, et une autre de 5ᵉ classe, d'une contenance de 50 ares. Le centime le franc (voir 2ᵉ année d'arithmétique) étant 48, combien dois-je payer de contributions, sachant que le revenu cadastral d'un hectare est 20 fr. pour la 2ᵉ classe, 6 fr. pour la 4ᵉ, et 2 fr. pour la 5ᵉ classe?

416. — Un particulier est imposé sur les bases suivantes : revenu foncier *, 12ᶠ,80; loyer d'habitation, 10 fr.; cote * personnelle et 1 maison à 4 ouvertures. Le centime le franc étant 48 3/10 pour le foncier et 21 1/2 pour le loyer d'habitation, on demande ce que doit payer ce particulier, y compris 5 cent. d'avertissement La cote personnelle est de 2ᶠ,10, et on paie 2ᶠ,50 pour une maison à 4 ouvertures.

417. — Une personne ayant vendu en 1868 une terre d'un revenu cadastral de 3ᶠ,20, ne songe qu'en 1872 à faire opérer la mutation, c'est-à-dire faire porter ce champ à la cote de l'acheteur, de sorte qu'elle a payé les impôts de 1869 à 1872 inclusivement. Quelle somme le vendeur a-t-il le droit de réclamer à l'acheteur, le centime le franc ayant été **successivement** 39, 40, 43 et 45 cent. 1/2.

418. — Un particulier achète pour 33 915 fr. 25ʰᵃ,50ᵃ de terre de 2ᵉ classe, estimée au cadastre * à 20 fr. l'hectare. La moyenne du centime le franc est 40. Combien doit-il louer l'hectare de ce terrain pour que son argent lui rapporte 4 0/0 ?

419. — La grêle ayant détruit les 3/4 de la récolte de Pierre, il obtient du préfet une réduction des 3/4 de l'impôt foncier de ses 2 pièces de terre, l'une de 3ʰᵃ 1/2, de 3ᵉ classe, et l'autre de 75 ares, de 2ᵉ classe. Quel chiffre représente cette réduction, le centime le franc dans la commune de Pierre étant cette année de 48 cent. 1/2; le revenu cadastral des terres de 2ᵉ classe étant 20 fr., et celui des terres de 3ᵉ classe 10 fr. l'hectare.

420. — Une personne hérite de son père une somme de 10 000 fr., un mobilier de 1 800 fr., une maison dont le revenu est estimé à 300 fr. et des terres dont le revenu total est de 160 fr. En ligne directe les droits de succession sont de 1ᶠ,25 0/0 du capital (pour les immeubles * on a le capital en multipliant le revenu par 20). Que payera cette personne à l'enregistrement * ?

421. — Si cette personne eût reçu cet héritage de son oncle ou d'une personne étrangère à sa famille, quels eussent été les droits à payer ? On paie 8ᶠ,125 0/0 d'oncle à neveu, et 11ᶠ,25 0/0 en dehors de la parenté.

422. — Un verger * de la contenance d'un hectare est planté de 150 pommiers. Ce verger est une terre de 2ᵉ classe dont le revenu cadastral est de 20 fr. par hectare et le centime le franc est 40. L'entretien du terrain coûte annuellement 100 fr. Chaque pommier a donné en moyenne 2ʰˡ,50 de pommes vendues 2 fr. le demi-hectol. On demande le produit net de ce verger ?

423. — Le propriétaire de ce verger aurait-il plus de bénéfice à faire du cidre et à le vendre 40 fr. la pièce de 225 litres, fût compris, s'il faut 7 hectolitres 1/2 de pommes pour faire une pièce de cidre ? La fabrication lui coûte 2 fr. par pièce et les tonneaux lui reviennent l'un dans l'autre à 6 fr.

424. — Une loi ajoute à un impôt 3 cent. additionnels, et l'augmentation des recettes de cet impôt s'élève à 2 169 282 fr. Que rapportait d'abord cet impôt?

425. — Quelle est la valeur d'un immeuble * assuré à 1/4 pour 0/00, pour lequel on paie 50 fr. de prime * annuelle?

426. — J'achète à un libraire pour 80 fr. de livres sur lesquels il me fait 25 0/0 de remise. Je lui adresse le montant de sa facture franco * par un mandat-poste. Combien cela coûtera-t-il réellement en tenant compte du timbre de la lettre de demande, du transport (1f,75), du droit du mandat-poste (voir problème 410, p. 47) et du port de ce mandat?

CHAPITRE ONZIÈME

PROBLÈMES SUR LES PARTAGES PROPORTIONNELS.
RÈGLE DE SOCIÉTÉ.

427. — Une entreprise formée par 3 associés a rapporté 20 000 fr. de bénéfice. On demande de partager ce bénéfice entre les associés qui ont mis : le 1er 18 000 fr. pendant 6 mois, le 2e 15 000 fr. pendant 1 an et le 3e 7 500 fr. pendant 15 mois.

428. — Trois créanciers * font vendre les meubles et immeubles * d'un commun débiteur. Tous frais payés, la vente donne un produit net de 14 196 fr. Partagez cette somme entre chacun des 2 créanciers, sachant qu'il leur est dû respectivement : 5 400 fr., 3 800 fr. et 9 000 fr.

429. — Combien, dans un baril de poudre de 25 kilogr., y a-t-il de salpêtre *, de soufre * et de charbon? Le salpêtre, relativement au soufre et au charbon, y entre dans la proportion de 6 à 1 pour chacune de ces substances.

430. — Partagez 4 850 fr. proportionnellement aux fractions $\frac{7}{5}$, $\frac{4}{5}$ et $\frac{3}{4}$.

431. — Partagez 5 271 fr. proportionnellement aux fractions $\frac{2}{5}$, $\frac{4}{9}$ et $\frac{11}{20}$.

432. — Trois créanciers *, le 1er pour une dette de 1 700 fr., le 2e pour une dette de 3 000 fr. et le 3e pour 1 000 fr. font saisir les biens meubles * et immeubles * d'un débiteur commun. La vente mobilière a produit net 965 fr., la maison a été vendue 1 300 fr. et enfin une pièce de terre de 96 ares a été vendue 1 500 fr. l'hectare. Que revient-il à chaque créancier?

433. — Trois personnes ont formé une société, et lors de la dissolution*, elles ont eu à partager une somme totale de 340 000 fr. représentant le capital et les bénéfices qui ont été de 36 p. 0/0. Sur cette somme, il est revenu à la 1re personne 136 000 fr. et à la 2e 127 500 fr. Donnez les mises de chacun des 3 associés.

434. — Le poids d'un litre d'air est de 1^g,293. Il renferme les $\frac{208}{000}$ de son poids d'oxygène * et le reste est de l'azote *. Trouver a composition d'un litre d'air en poids, ainsi que le poids d'un litre d'oxygène et d'un litre d'azote, sachant que par rapport à l'air, la densité de l'oxygène est 1,1056 et celle de l'azote 0,9713.

435. — La poudre à canon est un mélange de 3/4 de son poids de salpêtre *, d'un demi-quart de soufre * et d'un demi-quart de charbon. Un litre de poudre pesant 904 gr., dites combien il faudra de chacune de ces substances pour faire 50 litres de poudre.

436. — Quatre personnes ont formé une société. Elles ont mis, la 1re 1 500 fr.; la 2e 2 000 fr.; la 3e 3 500 fr. et la 4e 5 000 fr. Lors de la dissolution *, le capital primitif s'est augmenté de 175 0/0. Quel est ce capital et quelle somme retirera chaque associé?

437. — Deux personnes ont formé une société et y ont consacré, la 1re 6 000 fr., la 2e 3 600 fr.; 6 mois après, une 3e personne y place 1 500 fr.; 10 mois avant la dissolution qui a lieu au bout de 3 ans, une 4e personne y a placé 4 200 fr. Le bénéfice net à partager est 8 652 fr. Dites la part qui revient à chaque associé dans ce bénéfice.

438. — Un capital de société a été fourni par 4 personnes; la 1re en a mis le 1/4; la 2e le 1/10; la 3e les 5/9; la mise de la 4e a été de 6 800 fr. Faites connaître le capital et la mise des trois premiers associés.

439. — Un oncle lègue en mourant a ses trois neveux 2 700 fr. de rente 3 0/0, à condition de partager le capital en proportion du nombre de leurs enfants. La rente ayant été vendue au cours * de 101^f,10, on demande la part de chacun, sachant que le 1er a deux enfants, le 2e trois, et le 3e quatre.

440. — Pierre, Jacques et Jean font partie d'une société d'assurances mutuelles contre la mortalité des bestiaux. Pierre possède une vache estimée 400 fr.; Jacques en a une de 350 fr. et une de 500 fr., enfin Jean en a deux de 300 fr. et une de 550 fr. Il s'agit de rembourser une vache qui est morte, cette vache étant estimée 400 fr. Le montant de l'estimation totale des bestiaux des sociétaires étant de 50 000 fr., on demande quelles sommes Pierre, Jacques et Jean auront à verser en proportion du bétail qu'ils possèdent.

441. — Trois compagnies d'ouvriers, la 1re de 12 hommes, la 2e de 15 hommes, la 3e de 17 hommes, ont été employées à faire une terrasse de 125 mètres de long sur 40 mètres de large et

1^m,80 de hauteur, qui doit leur être payée à raison de 0^f,75 le mètre cube. La 1re compagnie a travaillé 50 jours, la 2e 47 jours et la 3e 45 jours. Faites la part qui revient à chaque compagnie et dites combien chaque ouvrier a gagné par jour.

442. — Un ouvrier fera un ouvrage en 10 jours 4/5. On lui adjoint un autre ouvrier et tous deux font l'ouvrage en 6 jours 3/4. L'ouvrage leur est payé 64^f,80. Combien chacun a-t-il gagné en tout et par jour?

CHAPITRE DOUZIÈME

PROBLÈMES SUR LES MÉLANGES ET ALLIAGES.

443. — On achète 18 hectol. de blé à 36 fr. l'hectol., 75 décal. à 40 fr. l'hectol. et 36 hectol. à 42 fr. l'hectol. On mélange le tout et on le revend avec un bénéfice de 10 0/0. Combien a-t-on vendu l'hectolitre?

444. — On mélange 20 sacs de 150 litres de blé, valant 34 fr. l'hectol., avec 4 sacs de seigle valant 20 fr. l'hectol. On demande le prix du quintal de méteil*, le blé pesant 80 kilogr. et le seigle 75 kilogr. l'hectolitre.

445. — Un marchand a du vin de deux qualités : à 0^f,45 et à 0^f,55 le litre. Il veut les mélanger de manière à ce que la pièce de 220 litres lui revienne à 106 fr. Dans quelle proportion fera-t-il le mélange?

446. — On a du vin à 0^f,50 le litre, combien faut-il ajouter d'eau par pièce de 225 litres pour que litre ne revienne qu'à 40 cent.?

447. — Un commerçant a 27 sacs de farine à 85 fr. ; il mêle à cette farine 1 272 kilogr. d'une autre farine à 50 fr. le quintal et 1 590 kilogr. d'une 3e farine, de façon à ce que le sac de 159 kilogr. lui revienne en moyenne à 80^f,80. Combien coûtait le sac de la 3e qualité de farine?

448. — Un commerçant qui a acheté du vin à 75 fr. la pièce et du vin à 87 fr. la pièce, les mélange dans la proportion de 7 litres du 1er contre 5 du second. Combien vendra-t-il la pièce du mélange, s'il veut gagner 15 0/0?

449. — Un marchand a de la laine de 2 qualités, à 8 fr. et à 5 fr. le kilogr. Il veut faire un mélange de 150 kilogr. à 6 fr. Combien entrera-t-il de chaque espèce de laine dans ce mélange?

450. — Un commerçant achète 25 sacs d'orge de 150 litres pour 625 fr. et 64 hectol. de blé pour 1 792 fr. Pour gagner 250 fr. sur le tout, combien doit-il vendre le quintal du mélange? L'hectol. de blé pèse 80 kilogr. et l'orge 100 kilogr. le sac (1 hectol. 1/2).

451. — On mélange 630 litres de vin à $0^f,40$ avec 420 litres d'un autre vin à $0^f,60$. Combien de litres de vin à $0^f,30$ faudra-t-il ajouter à ce mélange pour que le litre ne revienne qu'à $0^f,45$?

452. — Un boulanger veut acheter 25 sacs de farine de 2 qualités, à 80 fr. et à 72 fr., de manière que le sac ne lui revienne en moyenne qu'à $75^f,20$. Combien doit-il en acheter de chaque sorte?

453. — Un cultivateur a 20 sacs de blé à 30 fr., il en a à 32 fr. et à 40 fr. S'il veut faire un mélange de 120 sacs à 36 fr., dans quelle proportion devra-t-il le faire, sachant qu'il y veut faire entrer les 20 sacs à 30 fr.?

454. — Lorsque l'hectol. de blé vaut 20 fr. et celui de seigle 14 fr., dans quelle proportion doit les mélanger un cultivateur qui veut vendre 63 sacs de méteil★ pour 1 728 fr.?

455. — On a fondu ensemble 225 grammes d'or pur et 25 grammes de cuivre. Indiquez le titre et la valeur de cet alliage.

456. — On a fondu ensemble 5 845 grammes d'argent et 1 155 grammes de cuivre. On demande le titre et la valeur de cet alliage.

457. — On a un lingot★ d'or pesant 810 grammes au titre de 0,900. Combien faut-il ajouter de cuivre pour que ce lingot soit au titre de 0,750?

458. — Un orfèvre fond 180 grammes au titre de 0,920 avec 160 grammes d'un autre lingot au titre de 0,750. Quel sera le titre du nouveau lingot?

459. — Estimés comme ferraille, l'étain vaut 150 fr., le plomb 32 fr., le cuivre 110 fr., le zinc 40 fr. le quintal★. D'après cela, quelle est la valeur d'une cloche que l'on a faite en fondant 24 kilogr. d'étain, 75 kilogr. de cuivre, 1 kilogr. 1/2 de plomb et autant de zinc?

460. — Combien faudrait-il ajouter de cuivre à 135 grammes d'or au titre de 0,900 pour avoir un lingot★ au titre de 0,720?

461. — Vous achetez chez un bijoutier une chaîne d'or de 240 fr. Vous lui en vendez une vieille du même métal au titre de 0,750, dont le poids est de 40 grammes. Quelle somme avez-vous à remettre pour solder votre achat?

462. — On a un lingot★ d'or pesant 1 800 grammes. Combien pourra-t-on faire de pièces de 5 fr. en or avec ce lingot?

463. — On fond 4 kilogr. 1/2 d'argent contenant 1/20 de cuivre avec 54 pièces de 5 fr. Combien faudra-t-il ajouter de cuivre pour que l'alliage soit au titre de 9/10?

464. — Quel poids d'argent pur faut-il allier à 330 grammes de cuivre pour faire des pièces de 1 fr., et pour quelle somme en fera-t-on?

465. — Quelle quantité d'argent faudra-t-il ajouter à 395 grammes de cuivre pour avoir un alliage propre à faire des pièces de 5 fr.? Quelle somme obtiendra-t-on ainsi?

CHAPITRE TREIZIÈME

RÉCAPITULATION GÉNÉRALE SUR LES RÈGLES DE TROIS.

PROBLÈMES DONNÉS DANS LES CONCOURS ET LES EXAMENS.

466. — Un terrain qui a 84 ares de superficie est recouvert d'une couche de terreau * de 0^m,25. Quelle épaisseur aurait cette couche si l'on voulait en couvrir un terrain de 3 hectares 1/2?

(Brevet élémentaire.)

467. — Un rouleau de pièces de 20 fr. valant 1 000 fr. a une longueur de 64 millim. Combien faudrait-il empiler de pièces de 20 fr. les unes sur les autres pour faire une pile de 1 mètre de hauteur?

(Certificat d'études primaires.)

468. — Une vis avance de 4 cent. 35 quand on lui fait faire 24 tours dans son écrou *. Combien devra-t-elle faire de tours pour avancer de 5 centimètres?

(Certificat d'études primaires.)

469. — Avec 36^m,75 d'indienne * ayant 0^m,80 de largeur, on a fait 8 robes d'enfants; combien aurait-il fallu de mètres d'une autre étoffe ayant seulement 0^m,60 de largeur?

(Certificat d'études primaires.)

470. — 26 mètres d'étoffe coûtent 635 fr.; combien coûteront 18 mètres de la même étoffe?

(Brevet élémentaire.)

471. — Une machine à vapeur fait en 7 heures 30 mètres d'étoffe; elle emploie 16 mètres cubes d'eau par heure. Combien mettra-t-elle de temps pour faire 254 mètres de la même étoffe et combien emploiera-t-elle de mètres cubes d'eau pour faire ce travail?

(Certificat d'études primaires.)

472. — Trois ouvriers travaillant 7 heures par jour ont fait 6^m,25 d'étoffe en 4 jours : combien faudrait-il de temps à 8 ouvriers travaillant 5 heures par jour pour faire 18^m,75 de la même étoffe?

(Certificat d'études primaires.)

473. — Quatre laboureurs travaillant 7ʰ 12ᵐ par jour ont ensemencé en 7 jours un champ de 98 ares; on demande quel temps il faudrait à 5 laboureurs, travaillant 6ʰ 15ᵐ par jour, pour ensemencer un terrain d'une contenance de 27 885 mètres carrés.

(Certificat d'études primaires.)

474. — Un champ d'un hectare ayant reçu 45 mètres cubes de fumier, a produit 530 gerbes, qui ont donné 28 hectol. 5 décal. de froment. Dans les mêmes conditions, combien faudra-t-il mettre de mètres cubes de fumier sur un champ de 148ᵃ,34 et combien ce champ produirait-il de gerbes et d'hectol. de froment?

(Certificat d'études primaires.)

475. — Une fontaine fournit par 3 minutes 59 litres 3/10 d'eau. Combien en donnera-t-elle de mètres cubes en 3ʰ 45ᵐ?

(Brevet élémentaire.)

476. — Un terrain carré ayant 53ᵐ,8 de côté vaut 5 065ᶠ,27. Dites la valeur d'un terrain rectangulaire de même qualité, long de 135 mètres et large de 54ᵐ,60.

(Certificat d'études primaires.)

477. — Pour creuser une auge * en pierre de 85 centimètres de long sur 60 centimètres de large et 0ᵐ,39 de profondeur, on a payé 68ᶠ,85. Combien aurait-on payé si elle n'avait eu que 0ᵐ,75 de long sur 0ᵐ,48 de large et 0ᵐ,24 de profondeur?

(Certificat d'études primaires.)

478. — Pour habiller 17 petites filles on a employé 91ᵐ,8 d'une étoffe valant 1ᶠ,80 le mètre et on a payé pour la façon des vêtements 79ᶠ,90. Combien payera-t-on pour l'habillement de 36 petites filles de la même taille?

(Certificat d'études primaires.)

479. — Avec 36ᵐ,75 d'indienne * ayant 0ᵐ,80 de largeur, on a fait 8 robes d'enfant; combien faudrait-il de mètres d'une autre étoffe ayant seulement 0ᵐ,60 de large pour faire 15 robes de même taille?

(Certificat d'études primaires.)

480. — Avec 17ᵏᵍ,5 de chanvre, on a fait 25ᵐ,90 de toile à 1 mètre de large. Combien faudrait-il de kilogr. de chanvre pour fabriquer 180ᵐ,30 de toile à 0ᵐ,75 de large?

(Certificat d'études primaires.)

481. — 24 ouvriers mettent 8 jours pour faire un ouvrage; combien 6 ouvriers mettraient-ils de jours pour faire le même ouvrage?

(Certificat d'études primaires.)

482. — Un faucheur peut couper 54 ares de blé en une

journée de 12 heures. 1° Combien de temps lui faudra-t-il pour faucher un champ de 2ʰᵃ,11ᵃ,04ᶜᵃ? 2° Combien gagnera-t-il par hectare et par jour, si, le travail terminé, il reçoit 32 fr. pour son salaire?

(Certificat d'études primaires.)

483. — Il faut 1ᵏ,25 de graine fourragère pour ensemencer 1 décam. carré. Combien devra-t-on employer de cette graine pour ensemencer un terrain de 7ʰᵃ,27ᵃ,18ᶜᵃ?

(Certificat d'études primaires.)

484. — Deux ouvriers travaillant chacun 7 heures par jour à crépir un mur, ont fait 28 mètres carrés de ce travail en un jour, et ont gagné 11ᶠ,40 à eux deux. On demande combien de mètres de ce même travail feraient en 8 jours 11 ouvriers aussi actifs que les premiers et occupés le même nombre d'heures, et quelle somme le patron devra débourser pour le salaire de ces 11 ouvriers?

(Certificat d'études primaires.)

485. — Pendant combien d'années, de mois et de jours faut-il faire valoir un capital de 3 840 fr., au taux de 4 1/2 0/0, pour retirer 631ᶠ,20 d'intérêt simple?

(Brevet élémentaire.)

486. — La fortune d'une personne est partagée en deux parties égales : la première partie placée à 5 0/0, rapporte annuellement 60 fr. de plus que la seconde moitié placée à 4ᶠ,50.0/0. Quelle est la fortune de cette personne?

(Certificat d'études primaires.)

487. — Une personne qui devait payer une dette le 10 novembre, ne l'a payée que le 15 janvier, ce qui a augmenté la dette de 42 fr. L'intérêt étant de 5 0/0 par an, que devait cette personne?

(Brevet élémentaire.)

488. — Une personne a emprunté le 1ᵉʳ décembre 1891 une somme de 24 000 fr., à la condition de payer successivement ce qu'elle pourrait, les sommes versées devant servir à couvrir les intérêts échus et le surplus à diminuer le capital de la dette.

Elle a payé, le 12 août 1892. . . . .   5 000ᶠ
le 4 mars 1893. . . . .   6 000ᶠ
le 5 janvier 1894. . . . .   7 000ᶠ

Quelle somme doit-elle compter le 6 juillet 1894 pour être libérée complètement?

On comptera l'année de 360 jours et l'intérêt à 3 1/6 0/0.

(Brevet élémentaire.)

489. — Une personne vend à 8 500 fr. l'hectare un jardin dont elle place le prix à 3 0/0. Sachant qu'elle aura 743ᶠ,75 d'intérêt par an, on demande de trouver en ares la superficie du jardin vendu?

(Brevet supérieur.)

490. — Un père de famille a trois livrets ★ de caisse d'épargne★ : l'un à son nom, sur lequel il a déposé 455 fr. ; l'autre au nom de sa femme, montant à 328 fr., et enfin le troisième, qui contient les économies de son fils, s'élevant à 125 fr. On demande quel sera, dans 9 mois, le montant général des trois livrets, y compris les intérêts qui sont calculés à raison de $2^r,75$ 0/0 par an.

(Certificat d'études primaires.)

491. — Lorsqu'on achète des obligations ★ à $304^r,50$, tous frais compris, à combien pour 0/0 place-t-on son argent, le coupon★ semestriel ★ étant de $7^r,50$ et l'impôt sur chaque coupon de 1 fr.

(Brevet élémentaire.)

492. — 7 000 fr. placés à 5 0/0 rapportent autant que $10\,397^r,50$ consacrés à l'acquisition de propriétés. Quel est pour 0/0 le revenu de cette dernière somme ?

(Brevet élémentaire.)

493. — Une terre en labour rapporte, année moyenne, 419 fr. net. Une prairie de même étendue produit 13 463 kilogr. de foin et un regain ★ évalué au 1/4 de la récolte de foin ; les frais s'élèvent à $160^r,36$. A combien doit-on vendre les 100 kilogr. fourrage, pour que le revenu de la prairie soit supérieur à celui de la terre de 8 0/0 ?

(Brevet supérieur.)

494. — A raison de 5 0/0 par an, combien faudra-t-il de temps à 2 fr. pour rapporter $0^r,02$?

(Certificat d'études primaires.)

495. — Une somme de 3 750 fr. a rapporté $319^r,25$ d'intérêt simple en 2 ans et 6 mois. On demande le taux de l'intérêt.

(Certificat d'études primaires.)

496. — On a employé pour fumer un champ $74^{m3},250^{dm3}$ d'engrais coûtant 8 fr. le mètre cube. Les autres frais de culture se sont élevés à 92 fr. La récolte a été de $44^{hl},70^l$ de blé vendus à raison de 4 fr. le double décal. Dire combien vaut le champ, en calculant d'après son produit net au taux de 2 1/2 0/0.

(Certificat d'études primaires.)

497. — Une personne a un capital qui, placé d'abord à intérêts simples, pendant 3 ans 1/2, à 4 0/0, puis, retiré et placé, avec les intérêts échus, dans une spéculation rapportant 8 0/0, donne un revenu annuel de 2 850 fr. Quel est ce capital ?

(Brevet élémentaire.)

498. — Une personne place les 2/5 de son capital à 3 0/0, ce qui lui procure un revenu annuel de $939^r,60$. Le reste de ce capital est placé à 3 1/2 0/0. Trouver son revenu annuel et à quel taux unique elle devrait placer son capital pour obtenir le même revenu annuel.

(Certificat d'études primaires.)

499. — Quel capital faudrait-t-il placer à 3 0/0 pendant 45 mois pour pouvoir acheter, avec les seuls intérêts produits pendant ce temps, 64 mètres carrés, 8 décimètres carrés de terrain valant 750 fr. l'are?

(Certificat d'études primaires.)

500. — Quel sera l'intérêt d'une somme de 840 fr. placée à 3,40 0/0 pendant 9 mois et demi?

(Certificat d'études primaires.)

501. — Une prairie longue de 90 mètres, large de 67m,50, produit par hectare, en moyenne, 750 bottes de foin que l'on vend, tous frais déduits, 27f,50 le cent. Quel prix faudrait-il payer cette prairie pour placer son argent à 2 1/2 0/0?

(Certificat d'études primaires.)

502. — Une personne qui emprunte de l'argent à une autre au taux de 5 0/0 lui souscrit un billet* de 3 000 fr. payable dans 1 an et 3 mois. Quelle somme reçoit-elle en souscrivant le billet?

(Certificat d'études primaires.)

503. — Un propriétaire a dépensé 115 fr. à faire fumer, labourer et ensemencer en froment 1 hectare de terre qui lui avait coûté 9 600 fr. Il vend la récolte sur pied à raison de 4f,75 l'are. A quel taux d'intérêt a-t-il placé son argent cette année-là?

(Certificat d'études primaires.)

504. — Quelqu'un voudrait retirer 1f,50 d'intérêt par jour d'un capital qui placé à 4 0/0 lui a rapporté 127f,50, en 3 mois 12 jours. Quelle augmentation devra-t-il faire subir à l'ancien taux?

(Certificat d'études primaires.)

505. — On escompte à 2 1/2 0/0 les trois billets suivants :
Le 1er de 1 250 fr. payable dans 5 mois 20 jours;
Le 2e de 2 125 fr. payable dans 4 mois 12 jours;
Le 3e de 895 fr. payable dans 3 mois 8 jours;
Quelle somme recevra-t-on? On emploiera dans les calculs l'année commerciale de 360 jours.

(Brevet élémentaire.)

506. — Un négociant possède 2 lettres de change*, l'une de 3 725 fr. payable dans 48 jours au taux d'escompte de 4 0/0, l'autre de 4 580 fr. payable dans 92 jours au taux de 3 0/0. Il a besoin d'une lettre de change égale aux deux précédentes pour un placement dont le taux est de 3 1/2. Quelle sera l'échéance de cette lettre unique?

(Brevet supérieur.)

507. — Lorsqu'une personne doit plusieurs sommes payables à différentes époques, comment calcule-t-on l'époque à laquelle elle peut se libérer par un seul paiement dont le montant est égal à la somme de ses dettes?

(Brevet supérieur.)

3.

508 — Le savon se paie 80 fr. le quintal* à 90 jours; un fabricant a vendu au comptant 4 020 kilogr. de savon pour 3 640 fr. Quel est le taux de l'escompte?

(Brevet supérieur.)

509. — Une personne souscrit pour 400 fr. de rente 3 0/0 à 101^f,50; elle se libère entièrement, c'est-à-dire verse comptant la totalité de sa souscription; ce qui lui donne droit à une bonification ou escompte de 6 0/0. Combien verse-t-elle?

(Certificat d'études primaires.)

510. — Lorsqu'ils satisfont leur appétit, les moutons au pâturage consomment en herbe 10 0/0 de leur poids. Quel est le poids de l'herbe journellement enlevée au pâturage par un troupeau de 265 moutons pesant, l'un dans l'autre, 43 kilogr.?

(Certificat d'études primaires.)

511. — Le lait contient environ 12 0/0 de son poids de crème, et la crème produit environ les 8/25 de son poids de beurre. Combien retirera-t-on de beurre de 750 litres de lait, le lait pesant, à volume égal, les 103/100 de ce que pèse l'eau distillée*?

(Brevet élémentaire.)

512. — On a acheté 45 kilogr. d'abricots à 80 cent. le kilogr., pour faire des confitures. Par le nettoyage ce fruit perd 10 0/0 de son poids. Au fruit mondé* on ajoute les 0,6 de son poids de sucre à 1^f,60 le kilogr. et par la cuisson le mélange de fruit et de sucre perd 5 0/0 de son poids. Sachant que les autres menus frais se sont élevés à 2^f,07, trouver à combien revient le kilogr. de confitures.

(Brevet élémentaire.)

513. — Un vigneron possède 16 barriques de vin de chacune 225 litres; on offre de lui acheter ce vin à raison de 20^f 50 l'hectol. S'il le distillait* il en retirerait 11 0/0 d'alcool qu'il vendrait 245 fr. l'hectol. Les frais de distillation s'élevant à 28 cent, par litre d'alcool, dites quelle est la plus avantageuse, de la vente directe du vin ou de la vente après transformation en alcool, et de combien.

(Certificat d'études primaires.)

514 —Un marchand a acheté 28 pièces de drap de 48 mètres chacune, à raison de 19^f,75 le mètre : il a vendu le tout avec un bénéfice de 7 1/2 0/0. On demande le prix d'achat, le prix de vente et le bénéfice du marchand?

(Brevet supérieur.)

515. — Un marchand vend des grains pour la somme de 2 475 fr. Combien lui ont-ils coûté, sachant qu'il a gagné 10 0/0 sur le prix de vente?

(Brevet élémentaire.)

516. — Un marchand vend du vin pour une somme de

17 033ᶠ,25 et gagne 7ᶠ,75 0/0 sur le prix d'achat. Combien avait-il payé ce vin?

(Certificat d'études primaires.)

517. — Un tisserand * a employé 9 jours pour fabriquer une pièce de toile de 60ᵐ,75 de longueur. La quantité de fil nécessaire pour faire 4ᵐ,50 est de 1ᵏᵍ,125. Chaque écheveau * pèse 0ᵏᵍ,36, et l'on a 34 écheveaux pour 36ᶠ,73. D'ailleurs, le tisserand est payé à raison de 30 fr. par semaine de 6 jours. On demande d'après cela, combien le fabricant devra vendre le mètre, pour gagner 20 0/0 sur le prix de revient.

(Brevet élémentaire.)

518. — Une barrique contient 640 litres de vin qu'on a payés 45 fr. l'hectol. On en vend 250 litres à 52 fr. l'hectol., 180 litres à 55 fr. l'hectol. et le reste à 60 fr. l'hectol. Combien a-t-on gagné pour 0/0 sur le prix d'achat, et quel est le prix moyen de vente d'un hectol., à moins d'un cent. près?

(Certificat d'études primaires.)

519. — Un marchand achète un tonneau d'huile d'olive de 240 litres à raison de 1ᶠ,83 le kilogr., et il le revend à raison de 1ᶠ,83 le litre. Trouver combien il a gagné en tout à ce marché, et combien il a gagné pour 0/0 sur le prix de vente, sachant qu'un centimètre cube d'huile d'olive pèse 915 milligr.?

(Certificat d'études primaires.)

520. — Un kilogr. de sucre vaut 1ᶠ,50 et 1 kilogr. de café 3ᶠ,75. On a acheté une égale quantité de sucre et de café pour la somme de 1 029 fr., et on a revendu le café avec un bénéfice de 10 0/0 du prix d'achat, et le sucre avec un bénéfice de 5 0/0? Combien a-t-on gagné dans cette opération?

(Certificat d'études primaires.)

521. — On achète un tas de bois de 45ˢ,8 à raison de 124 fr. le décastère. On le revend au poids avec un bénéfice égal à 10 0/0 du prix d'achat. Combien revend-on les 100 kilogr. sachant qu'un décistère de ce bois pèse 80 kilogr.?

(Brevet élémentaire.)

522. — Un marchand achète en gros 84ᵏᵍ,076 de sucre à 132 fr. les 100 kilogr. et 45ᵏᵍ,097 de savon à 67 fr. les 50 kilogr. Il paie comptant et ne donne que 162ᶠ,70. Quelle remise lui fait-on pour 0/0?

(Certificat d'études primaires.)

523. — On a acheté, pour faire un manteau, 3ᵐ,85 de drap de 0,75 de largeur, à 18ᶠ,50 le mètre; pour le doubler en entier on a pris de la soie de 0ᵐ,50 de largeur à 6ᶠ,25 le mètre. On demande : 1° combien on a payé pour le drap; 2° combien on a payé pour la doublure; 3° combien on a payé en tout, si l'on a dépensé en outre 10ᶠ,45 pour garnitures; 4° enfin ce qu'on a payé comptant au marchand qui a fourni le tout, s'il a consenti à faire une remise de 3^f,75 0/0.

524. — La caisse des écoles * accorde à une école maternelle une somme de 150 fr. pour être employée, moitié en acquisition de chaussures, moitié en acquisition de blouses. 10 paires de chaussures coûtent 22^f,50, et l'on a une douzaine de blouses pour 24 fr. On demande combien de paires de chaussures et combien de blouses pourra acheter la directrice avec la somme mise à sa disposition, si elle obtient d'ailleurs des marchands un rabais de 5 0/0?

(Brevet élémentaire.)

525. — La distance de Paris à Boulogne-sur-Mer sur la voie ferrée est de 254 kilom. Le prix des places est : en 1re classe 28^f,45, en 2e classe 19^f,20, en 3e classe 12^f,50. Dire : 1° le prix par kilom. pour chaque classe; 2° combien la différence de prix entre la 1re et la 3e classe représente de rabais pour 0/0 du prix de la place supérieure?

(Brevet élémentaire.)

526. — Sur 4 notes, l'une de 24^f,15, l'autre de 75^f,60, la 3e de 140^f,80 et la 4e de 185^f,95, mon fournisseur m'a abandonné les centimes. A combien pour 0/0 s'élève la remise qui m'a été faite sur le tout?

(Brevet élémentaire.)

527. — Le litre de vin de Bourgogne pèse 9 915 décigr. et coûte 0^f,75. Combien doit-on payer une barrique de ce vin pesant brut * 25 154 décagr., sachant que le fût vide pèse 47 291 grammes et que le vendeur fait une remise de 3 0/0?

(Brevet élémentaire.)

528. — Un libraire fait pour les livres qu'il fournit aux bibliothèques scolaires un rabais de 16 0/0 sur le prix des ouvrages. D'après cela on demande à quelle somme doit se monter la facture d'un instituteur qui a à sa disposition 50 fr. de la commune.

(Certificat d'études primaires.)

529. — On a partagé une somme inconnue proportionnellement aux nombres 5, 7 et 31. La première part est de 1 368 fr. Calculer les deux autres et la somme ainsi partagée.

(Brevet élémentaire.)

530. — Partager 1 480 en 2 parties proportionnelles aux fractions 2/3 et 4/5.

(Brevet élémentaire.)

531. — Trois négociants achètent en commun 382 mètres de toile pour 859^f,50. Calculer combien il revient de mètres à chacun, sachant que le premier paie 276^f,75, le deuxième 175^f,50 et le troisième le reste.

(Brevet élémentaire.)

532. — Deux associés ont fait une entreprise. L'un a mis 25 640 fr., l'autre 22 400 fr. Le premier a reçu 648 fr. de gain de plus que le second. On demande le gain de chacun.
(Certificat d'études primaires.)

533. — Un chef d'usine emploie 12 hommes, payés à raison de $6^f,80$ par jour, 7 femmes payées $3^f,60$, 5 enfants payés $2^f,20$. Il se propose de partager une gratification extraordinaire de 1 200 fr., proportionnellement aux salaires journaliers. Quelle somme devra-t-il donner à chacune des personnes qu'il emploie?
(Brevet supérieur.)

534. — Trois cultivateurs ont fait leur cidre en commun. Le 1er a apporté 155 décal. de pommes, le 2^e $137^{dal},5$ et le 3e 125 décal. Tout le cidre produit a été de 1 169 litres, sur lesquels on a prélevé 10 0/0 pour les frais. Dites combien chacun a eu de litres après ce prélèvement, eu égard à la quantité de pommes fournie par lui.
(Certificat d'études primaires.)

535. — On veut fabriquer des pièces de 5 fr. avec un lingot ⋆ d'argent pur dont le volume est de $4^{dm3},225$. On l> fait fondre, pour cela, avec un poids convenable de cuivre. On demande le nombre de pièces fabriquées. On sait que les 5/6 d'un décim. cube d'argent pèsent $8^{kg},73$.
(Brevet supérieur.)

536. — On veut échanger contre de l'or au titre de 0,840 un lingot d'argent au titre de 0,900 et pesant 5 725 grammes. L'argent pur vaut $220^f,50$ le kilogr. et l'or pur, 3 437 fr. Quel est le poids de l'or que l'on recevra en échange du lingot d'argent?
(Brevet supérieur.)

537. — Un marchand achète $25^{hl},58^l$ de vin vieux à raison de $43^f,35$ l'hectol.; il les verse dans un tonneau qui contenait déjà $31^{hl},17^l$ de vin nouveau acheté à raison de 24 cent. le litre : combien devra-t-il vendre le litre de ce mélange pour gagner 310 fr.?
(Certificat d'études primaires.)

538. — On a 120 hectol. de vin à 60 fr. l'hectol. On demande combien il faudra y ajouter de vin à 44^l fr. pour faire un mélange valant 50 fr. l'hectol.
(Brevet élémentaire.)

539. — La valeur intrinsèque ⋆ d'une chaîne d'or pesant 72 grammes est de $231^f,90$. Quel en est le titre?
(Brevet supérieur.)

540. — On a fondu ensemble $2^{kg},25$ d'un métal, qui ont coûté $43^f,50$, et $5^{kg},6$ d'un second métal, qui ont coûté 27 fr. Quel sera le prix d'un kilogr. de l'alliage, en supposant qu'il y ait 2 0/0 de déchet et que la fabrication de l'alliage ait coûté 12 fr.?

(Brevet élémentaire.)

541. — On mélange 2 500 décil. de vin à 0ʳ,65 le litre avec 35 décal. de vin à 40 fr. l'hectol. On veut gagner, en le revendant, 0ʳ,65 par 1/2 décal. Combien doit-on revendre le litre de ce mélange?

(Certificat d'études primaires.)

542. — Un marchand de vin achète 2 barriques de 225 litres chacune à raison de 32ʳ,50 l'hectol.; il y ajoute 25 litres d'alcool à 41ʳ,50 le décal. et 25 litres d'eau. Il revend le tout à raison de 0ʳ,065 le décil.; combien gagne-t-il?

(Certificat d'études primaires.)

543. — Dans une cuve de 2ᵐ³,278, on a versé 3 barriques de vin de chacune 228 litres, à 65 fr. l'hectol., et 5 autres barriques, de chacune 215 litres, valant 54 fr. l'hectol. On achève de remplir la cuve avec de l'eau. On demande à combien revient l'hectol. du mélange obtenu?

(Certificat d'études primaires.)

544. — Dans un tonneau de 228 litres, on verse 84 litres de vin à 0ʳ,38 le litre, 133 litres de vin à 0ʳ,42, et on achève de le remplir avec de l'eau. Dites à combien reviendra un hectol. de mélange obtenu.

(Certificat d'études primaires.)

545. — Un hectol. de blé pèse 80 kilogr. et un hectol. de seigle 76 kilogr. Quel est le poids d'un hectol. de méteil * où le blé entre pour 3 doubles décal.?

(Certificat d'études primaires.)

CHAPITRE QUATORZIÈME

PROBLÈMES SUR LA CIRCONFÉRENCE ET LES AIRES DES FIGURES PLANES.

CIRCONFÉRENCE.

546. — Quelle est la longueur d'un arc de circonférence de 60°, le rayon de circonférence étant 12ᵐ,50?

547. — Un arc de 60° 20' a 18 centimètres de long. Quelle est la circonférence du cercle auquel il appartient?

548. — La distance du soleil à la terre est de 23 300 fois le rayon terrestre. Sa lumière nous venant en 498 secondes, dites combien elle fait de kilom. à la seconde. (Pour abréger, on prendra le rapport de la circonférence au diamètre égal à 3,14 seulement.)

549. — Un réservoir cylindrique de 14 mètres de diamètre est entouré d'un treillage qui revient, tout posé, a 1',75 le mètre courant. On demande le prix de ce treillage.

550. — On commande à un menuisier une table ronde pour 9 personnes, de manière que la place de chacune soit un arc de cercle de 42 centimètres. Quel sera le diamètre de cette table? Se servir de 3,14 seulement.) De quelle largeur devra être la planche destinée à faire les pliants, si le milieu de la table doit se composer de 2 planches de 25 centimètres chacune?

551. — Avec une voiture dont les roues ont 6 mètres de circonférence on a fait 9 kilom. à l'heure. Combien la roue faisait-elle de tours à la minute?

552. — Les roues d'une locomotive* font 160 tours à la minute. Combien cette locomotive, dont les roues ont 4^m,50 de circonférence, fait-elle de kilom. à l'heure?

553. — De combien faudrait-il augmenter la circonférence des roues pour qu'avec le même nombre de coups de piston, cette locomotive fît 57^{km},6 à l'heure?

RECTANGLE ET CARRÉ.

554. — Une feuille de papier pot.* déployée ayant 40 centimètres de long sur 30 de large, quelle surface pourrait-on couvrir avec une rame* et combien faudrait-il de rames* pour couvrir une surface d'un hectare?

555. — Une personne n'a pour vivre que le revenu d'une propriété de forme rectangulaire de 730 mètres de long sur 250 mètres de large, qu'elle afferme* à raison de 72 fr. l'hectare. Combien cette personne a-t-elle à dépenser par jour?

556. — Une chambre rectangulaire de 6 mètres de long sur 4^m,50 de large et 3 mètres de hauteur doit être tapissée avec du papier d'une largeur de 0^m,50, qui revient tout posé à 4',50 le rouleau de 20 mètres. Quelle sera la dépense, sachant qu'il y a à déduire une porte de 2 mètres sur 0^m,90 et 2 baies* de fenêtres de 2^m,50 sur 1^m,20?

557. — Combien coûtera le pavage d'une rue de 6 mètres de large sur 450 mètres de longueur? On emploie des pavés d'échantillons* qui coûtent 200 fr. le mille. Il en faut 18 par mètre carré et 1 ouvrier fait 1 mètre 1/4 de pavé par heure à raison de 60 cent. l'heure.

558. — On a ensemencé en blé un terrain en forme de rectangle de 254^m,40 de longueur sur 125 mètres de largeur. Le rendement a été de 6 gerbes 25 par are. Chaque gerbe ayant donné 4 litres de grain, on demande le prix de la récolte à raison de 45 fr. le sac (1 hectol. 1/2).

559. — Posée à plat, une brique a, joints compris, 21 centimètres de long sur 6 centimètres d'épaisseur. Le mille de briques coûte 55 fr. On demande le prix de la brique employée pour faire une cloison * de 6ᵐ,30 de long sur 3 mètres de hauteur, dans laquelle il y a une baie * de 2ᵐ,10 de haut sur 0ᵐ,9 de large?

560. — Un bâtiment rectangulaire de 15 mètres de long sur 8 mètres de large est entouré d'un pavage de 1 mètre de large. Ce pavage en pavés de 2 décim. carrés revient à 4ᶠ,50 le mètre carré. Combien coûte-t-il?

561. — On veut couvrir en ardoises de 30 centimètres de long sur 21 centimètres de large un toit qui a de chaque côté 12ᵐ,60 de long sur 5 mètres de large. Chaque ardoise étant recouverte aux 2/3 par le rang supérieur, et le mille d'ardoises valant 45 fr., on demande le nombre et le prix des ardoises à employer.

562. — On veut faire établir une double porte cochère * en sapin avec monture en chêne de 0ᵐ,041 d'épaisseur. Les dimensions de chaque battant * sont de 2 mètres sur 1ᵐ,70. Faites le devis de la dépense d'après les données suivantes : menuiserie à 12 fr. le mètre carré; 4 fortes pentures * avec gonds * et scellements *, à 8 fr. la pièce; 1 serrure de 16 millimètres, pène * dormant, à 8 fr.; peinture à l'huile, à 1 fr. le mètre carré.

563. — Un champ rectangulaire 4 fois plus long que large, et dont le pourtour est de 1 250 mètres, a été ensemencé en trèfle blanc. Le rendement a été de 6 hectol. de graine par hectare. Sachant que le poids d'un sac (1 hectol. 1/2) de cette graine est de 125 kilogr., on demande, à raison de 160 fr. la balle de 100 kilogr., la valeur de la récolte de ce champ.

564. — On a commandé à un menuisier 6 portes de 0ᵐ,90 de large sur 2 mètres de haut, dont 3 en sapin et 3 en chêne. Il devra leur donner 3 couches de peinture à l'huile, à raison de 0ᶠ,35 le mètre carré pour chaque couche. Quelle sera la dépense totale, le sapin travaillé valant 5 fr. le mètre carré, et le chêne 8 fr.?

565. — Le plan cadastral* d'une commune étant fait à l'échelle* de 1 mètre pour 2 500 mètres, on demande la contenance d'un champ rectangulaire qui a sur ce plan 48 millim. de long sur 6 millim. 1/2 de large.

566. — Quelles dimensions sur le papier doit avoir un champ d'un hectare qui a 250 mètres de long et qui est reporté à l'échelle de 1/2500?

567. — Combien d'hectol. de pommes de terre peut espérer récolter un cultivateur qui en plante dans un champ rectangulaire de 110 mètres de long sur 70 de large? L'espace occupé par chaque pied de pommes de terre est un rectangle de 5 décim. sur 7 décim. La récolte en moyenne est le sextuple * de la semence, et dans un décal. il y a 110 tubercules * moyens.

568. — On veut faire une cloison de 7ᵐ,20 de long sur 3ᵐ,50 de hauteur, avec des briques placées de champ * longues de 21 centimètres et larges de 12 centimètres (joints compris), qui coûtent 40 fr. le mille. Il faut par mètre carré 10 décim. cubes de mortier de chaux à 20 fr. le mètre cube. Le maçon et son aide mettent 80 minutes à faire un mètre carré d'ouvrage, et ils sont payés à raison de 6 fr. et 3 fr. la journée de 10 heures. Que coûtera cette cloison ?

569. — Dites ce que cette cloison coûterait si on posait les briques à plat, de manière que la cloison ait une épaisseur de 12 centimètres. L'épaisseur d'une brique, joints compris, est de 6 centimètres. De cette façon, il faut 25 décim. cubes de mortier par mètre carré, et il faut au maçon et à son aide 2 heures pour faire un mètre carré.

570. — Un homme herse * un champ de 210 mètres de long et d'une contenance de 1 hectare $\frac{23}{40}$, avec une herse ayant $1^m,25$ de large. Cet homme, en conduisant le cheval, fait 70 pas à la minute, et 20 de ses pas font 15 mètres. Il a commencé à travailler à 5 heures 3/4 du matin, s'est reposé 1/2 heure à 8 heures et 2 heures à midi. A quelle heure a-t-il fini son travail, sachant qu'il a donné 2 dents, c'est-à-dire qu'il a hersé 2 fois le champ ?

571. — Une maison d'école est composée d'un bâtiment principal, de 2 appentis * et de la classe. La couverture du bâtiment principal a de chaque côté $8^m,30$ de long sur $4^m,50$ de large ; celle des appentis a 6 mètres de long sur 4 mètres de large, et celle du bâtiment de la classe a $10^m,60$ de long sur $4^m,80$ de large. Ces bâtiments sont couverts en ardoise à raison de 4 fr. le mètre carré. — Le faîtage * du bâtiment principal et du bâtiment de l'école coûte $2^f,30$ le mètre linéaire *. Enfin au bas de chaque couverture il y a un égout * de 3 tuiles à $1^f,50$ le mètre linéaire. Établir en ordre le devis * de cette couverture.

572. — Un jardin d'une contenance de $24^a,30$ et d'une longueur de 60 mètres est entouré de murs de $2^m,10$ de hauteur, dont l'un contient une porte de 1 mètre de large. On veut établir le long de ces murs un treillage * en fil de fer galvanisé *. Les rangées de fil de fer sont à $0^m,30$ les unes des autres, et aussi à $0^m,30$ du haut et du bas des murs. Un mètre de ce fil de fer pèse 6 décagr., et le kilogr. coûte $0^f,90$. De plus, il faut par rangée sur chaque mur un raidisseur * valant 25 cent. Il faut aussi, pour soutenir les fils de fer, un crochet tous les 5 mètres, ainsi qu'aux 2 extrémités de chaque mur. Ces crochets, tout scellés, reviennent à 20 cent. pièce. Dites ce que coûtera ce treillage.

573. — Les dimensions intérieures d'une salle de classe sont : 8 mètres de long sur 7 de large et 4 mètres de hauteur. Cette salle a deux portes vitrées de $2^m,50$ sur $0^m,96$, 2 impostes * de $1^m,25$ sur 0,96, 4 fenêtres à double châssis, chaque châssis ayan

2 mètres sur 1ᵐ,05 ; le tout en chêne, à raison de 9 fr. le mètre superficiel. La classe est planchéiée en grisard * à raison de 3ᶠ,70 le mètre superficiel. Ce plancher est supporté par des lambourdes * estimées 0ᶠ,70 le mètre linéaire et comptées à raison de 2ᵐ,50 par mètre superficiel. Faites le compte du menuisier.

574. — Faites le compte du peintre pour cette même classe, d'après les données suivantes : peinture à l'huile sur tout le pourtour à 1ᵐ,50 de haut ; peinture des portes, impostes et fenêtres sur les 2 côtés ; le tout à 1ᶠ,10 le mètre superficiel ; peinture à la colle sur le reste des murs et le plafond à 0ᶠ,25 le mètre superficiel. (On ne déduira aucun vide, pour compenser la peinture à l'huile des ébrasements *.)

575. — Faites également le compte du vitrier. Chaque chassis * renferme 6 carreaux. Il y a 4 carreaux à chaque porte et 4 à chaque imposte *. Tous ces carreaux sont longs de 0ᵐ,50 et large de 0ᵐ,40. Ils sont payés, tout posés, 5 fr. le mètre superficiel.

576. — On a planté des pommes de terre dans un champ rectangulaire de 300 mètres de long et d'une contenance de 3ʰᵃ,96. Les pieds étaient espacés de 60 centimètres en tous sens. Les rangées extrêmes étaient à 0ᵐ,30 des bords du champ. Chaque pied ayant rapporté en moyenne 6 tubercules, on demande en hectol. le rendement de la récolte, en admettant qu'une mesure de 50 litres contienne 550 pommes de terre moyennes.

577. — Quel bénéfice net a fait le fermier sur la récolte du champ dont il est question dans le problème précédent, sachant qu'il paie 70 fr. de loyer par hectare ; qu'il a mis pour 240 fr. de fumier également par hectare ; qu'il a donné 2 labours estimés chacun 35 fr. l'hectare ; que les autres frais pour ensemencement, binage, arrachage, etc... peuvent être évalués à 100 fr., et que la récolte a été vendue 9 fr. les 100 kilogr. ou l'hectol. 1/2.

578. — Un terrain inculte de forme rectangulaire, de 5 hectom. 1/4 de long sur 7 décam. 1/5 de large, a été défriché par 42 ouvriers en deux compagnies, à raison de 1ᶠ,50 le décam. carré. La 2ᵉ compagnie ayant reçu 81 fr. de plus que la 1ʳᵉ, on demande le nombre d'ouvriers de chaque compagnie et la part de chacune.

579. — Une terre rectangulaire, d'une contenance de 2ʰᵃ,3950 et d'une longueur de 200 mètres, doit être plantée en bois. Les plants seront espacés de 0ᵐ,75 en tous sens. On demande combien il faudra payer au pépiniériste * à raison de 6 fr. le cent d'arbres. Le bois sera planté partout à 1 mètre des rives.

580. — Un cultivateur fait carreler son grenier avec des carreaux carrés de 15 centimètres de côté. Le tout lui a coûté 588 fr. Il a fourni les carreaux qui lui coûtent 75 fr. le mille. Il a payé pour la pose 108 fr. Donnez les dimensions de son grenier, sachant que la largeur est les 4/9 de la longueur.

581. — Une salle rectangulaire de 4^m,50 de long sur 2^m,90 de large est pavée de 141 dalles ayant, les unes 5 décim. carrés de surface, les autres 15 décim. Combien y en a-t-il de chaque sorte?

582. — Un carré de jardin de 10^m,90 de côté est planté d'artichauts espacés de 0^m,90 en tous sens. Les rangées extrêmes sont à 0^m,50 des bords du carré. Chaque pied a rapporté en moyenne 3 têtes qu'on a vendues 30 cent. pièce. Trouvez combien pour 0/0 rapporte ce coin de terrain qui représente la quinzième partie du jardin acheté 900 fr. et pour lequel on paye 3 fr. d'impôt. On a mis dans ce carré pour 10 fr. de fumier et employé à butter *, bêcher *, biner *, arroser, etc., 6 journées estimées 3^f,25 l'une.

TRAPÈZE.

583. — Dans un champ ayant la forme d'un trapèze dont les bases sont 75^m,50 et 140^m,50, et la hauteur 175 mètres, on a récolté du fourrage qu'on a vendu 604^f,80, à raison de 40 fr. les 500 kilogr. Le poids d'une botte étant de 5 kilogr., on demande quel a été en bottes le rendement par hectare.

584. — Un ouvrier a bêché à raison de 50 cent. la perche * de 22 pieds * (196e partie de l'hectare), une terre de forme trapézoïdale, ayant pour bases 120 mètres et 80 mètres, et pour hauteur 75 mètres. Que lui doit-on?

585. — Un champ d'une contenance de 63^a,42 a la forme d'un trapèze dont la hauteur ou longueur est de 105 mètres et l'une des bases de 36^m,20. Quelle est l'autre base?

586 — Le prix du mètre carré de terrain étant fixé à 0^f,20, quelle indemnité devra recevoir un riverain * à qui l'on prend, pour l'élargissement d'un chemin, une parcelle de terrain de 5 décam. 1/2 de long sur 2^m,25 et 0^m,55 de large?

587. — Combien coûtera l'ensemencement en blé d'un champ ayant la forme d'un trapèze dont les bases sont 225 mètres et 75 mètres, et la hauteur 180 mètres? On sème par hectare 2 hectol. 1/2 de blé valant 45 fr. le sac de 150 litres.

588. — Une personne vend à raison de 15 fr. l'are un terrain trapézoïdal dont les dimensions sont : 412 mètres pour la grande base, 361 mètres pour la petite et 104 mètres pour la hauteur. Elle vend en outre une maison y attenant pour 5 000 fr. Elle place le montant de cette vente à 5 0/0. Quel revenu en retirera-t-elle?

589. — Un particulier fait bêcher un terrain ayant la forme d'un trapèze, dont les bases sont de 36 mètres et 20 mètres et la hauteur de 75 mètres. L'ouvrier demande à faire ce travail à la tâche, moyennant 1 fr. la perche (ancienne mesure équivalant à la 196e partie d'un hectare). Le propriétaire préfère prendre l'homme à la journée moyennant 3 fr. Dites s'il n'eût pas été plus avantageux pour lui d'accéder à la proposition de l'ouvrier, celui-ci ayant mis 15 jours à ce travail.

TRIANGLES, POLYGONES RÉGULIERS ET CERCLE.

590. — Un champ triangulaire a une base de 327^m,50 et une hauteur de 164^m,80; trouver le prix de ce champ à raison de 2000 fr. l'arpent de 51^a,07.

591. — Un champ de forme triangulaire a coûté 5 394^f,60 à raison de 57 fr. l'are. Sa hauteur est les 4/5 de sa base. On demande quelle est cette base?

592. — L'hypoténuse d'un triangle rectangle est de 29^m,40, l'un des côtés de l'angle droit est de 23^m,60. Calculer le périmètre et la surface de ce triangle.

593. — On sème par hectare 2^{hl},50 de blé. L'hectol. de blé pèse 80 kilogr. Dans un champ triangulaire de 180 mètres de longueur sur 70 mètres de hauteur, on a récolté 15 hectol. 3/4 de blé. En admettant qu'il y ait 25 000 grains de blé par kilogr., 1° combien a-t-on semé de grains de blé? 2° combien en a-t-on récolté? 3° quelle a été la proportion du rendement ⋆?

594. — Quand on n'a pas d'instrument pour tirer des perpendiculaires, on peut diviser tout polygone en un certain nombre de triangles dont on mesure la surface au moyen des trois côtés (voir 2e année d'arithmétique, page 327, note). D'après cela, trouvez la surface d'un triangle dont les trois côtés ont 9, 15 et 18 mètres.

595. — Un terrain polygonal a été décomposé en trois triangles. Les trois côtés du premier triangle sont respectivement égaux à 12 mètres, 15 mètres et 17 mètres; les trois côtés du second sont égaux à 17 mètres, 20 mètres et 23 mètres, et les trois côtés du troisième sont égaux à 23 mètres, 25 mètres et 28 mètres. Trouver la surface de ce terrain.

596. — On veut carreler une chambre rectangulaire de 5 mètres de long sur 4^m,50 de large avec des carreaux à 6 pans d'une surface de 3 décim. carrés qui reviennent tout posés à 110 fr. le mille. Quelle sera la dépense?

597. — On veut carreler deux chambres avec des carreaux à 6 pans de 12 centimètres de côté sur 10 centimètres d'apothème ⋆; l'une des chambres est carrée et a 6 mètres de côté; l'autre est rectangulaire et a 63 décim. de long sur 4 mètres de large. Quel sera le prix de ces carreaux à 85 fr. le mille?

598. — On veut paver une place circulaire de 196^m,35 de tour. Quelle quantité de pavés sera nécessaire, et quel sera le prix de ces pavés, qui coûtent 200 fr. le mille, la surface de chacun d'eux étant, joints compris, de 3^{dm2},125?

599. — On veut faire paver une place circulaire de 30 mètres

de diamètre avec des pavés de 21 centimètres de long sur 17 centimètres de large qui coûtent 200 fr. le mille. La main-d'œuvre *
coûte $3^f,50$ le mètre carré. Quel sera le prix de ces pavés ?

600. — 60 ouvriers en 30 jours, travaillant 9 heures par jour, ont pavé une place rectangulaire de 90 mètres de long sur 60 mètres de large. Combien faudra-t-il de temps à un nombre d'ouvriers 4 fois moindre, pour paver une place circulaire de 50 mètres de diamètre, s'ils travaillent 10 heures par jour ?

CHAPITRE QUINZIÈME

RÉCAPITULATION SUR LES SURFACES.

PROBLÈMES DONNÉS DANS LES CONCOURS ET LES EXAMENS.

601. — Trois faucheurs ont mis 6 jours pour faucher l'herbe d'un pré de $279^m,04$ de long sur $164^m,3$ de large, à raison de $18^f,75$ l'hectare. Que revient-il à chacun, et quel est le prix d'une journée ?

(Brevet élémentaire.)

602. — On ensemence en froment, à raison de 18 décal. par hectare, un champ qui a la forme d'un trapèze dont les bases sont $27^m,60$ et $32^m,40$, et la hauteur $82^m,50$. Après la récolte et le battage, on a trouvé que la semence s'était multipliée 12 fois et que le froment récolté pesait 75 kilog. par hectol. Combien vaut le grain de cette récolte à raison de $30^f,60$ le quintal métrique ?

(Brevet élémentaire.)

603. — Une étoffe se réduit, après avoir été mouillée, de $\frac{1}{15}$ de la longueur primitive et de $\frac{1}{16}$ de la largeur. Quelle longueur d'étoffe neuve faut-il mouiller pour avoir 100 mètres carrés d'étoffe ? La largeur de cette étoffe est de $0^m,80$ avant de lavage ?

(Brevet supérieur.)

604. — On veut carreler une salle longue de $8^m,75$ et large de 6 mètres avec des carreaux ayant $0^m,16$ de côté. Ces carreaux coûtent 42 fr. le mille, et pour les poser l'ouvrier demande 45 cent. par mètre carré. Quel sera le nombre des carreaux employés et quelle sera la dépense totale pour le pavage de la salle ?

(Brevet élémentaire.)

605. — Un hectare de terre produit 30 000 kilogr. de betteraves que l'on vend à raison de 15 fr. les 1000 kilogr. Quelle sera la valeur de la récolte d'un champ de forme rectangulaire, long de 520 mètres et large de 376?

(Brevet élémentaire.)

606. — Un ouvrier a fauché un pré rectangulaire ayant 65 mètres de long sur 42 mètres de large; un second a fauché un autre pré également rectangulaire et dont les dimensions sont doubles de celles du premier. Quelle est la contenance de chacun de ces champs, et que revient-il à chacun de ces ouvriers si tout le travail a été payé 16^f,38?

(Certificat d'études primaires.)

607. — Un champ de 118^m,50 de long et sur 80 mètres de large a produit 1 580 bottes de foin. Quelle serait la longueur d'un champ large de 128 mètres qui, dans les mêmes conditions, produit 2 800 bottes de foin? Combien ce champ aurait-il d'ares de superficie?

(Brevet élémentaire.)

608. — La tuile plate a 0^m,18 de longueur sur 0^m,12 de largeur et coûte 27 fr. le mille. Mais lorsqu'on l'emploie, les 2/3 d'une tuile sont recouverts par celles qui sont immédiatement placées au-dessus. On a dépensé 600 fr. pour la couverture d'un toit en appentis* ayant la forme d'un carré parfait. Quelles sont les dimensions du toit, sachant que le prix de la tuile forme les 90/100 de la dépense totale?

(Certificat d'études primaires.)

609. — Un champ, dont la forme est celle d'un trapèze, a 37^a,125 de superficie. Trouvez la longueur de la petite base de ce trapèze, sachant que celle de la grande base est de 105 mètres, et que la hauteur est les 3/7 de la base connue.

(Certificat d'études primaires.)

610. — Un propriétaire fait enclore d'un mur un terrain dont la forme est un carré parfait et dont la superficie est de 3^{ha},16^a 84^{ca}.Ce mur lui coûte 19 fr. le mètre. Pour le payer, le propriétaire retire une somme qu'il avait placée depuis trois ans à intérêt simple au taux de 5 0/0, et il emploie cette somme et les intérêts à éteindre sa dette. On demande quel était primitivement son capital.

611. — Un vigneron qui possède une vigne de forme rectangulaire ayant 345^m,75 de longueur et 278 mètres de largeur, a récolté 1^{hl},20 de vin par are. Il désire savoir : 1° la quantité de tonneaux de 230 litres qu'il doit se procurer pour contenir le produit de sa récolte; 2° le produit net de sa propriété. Les frais de culture, d'engrais, etc., se sont élevés à 480 fr. par hectare et l'hectol. de vin a une valeur de 14 fr.

(Certificat d'études primaires.)

612. — Une pièce de toile de 45 aunes* 5/6 de long sur 3/4 de large a coûté 2ʳ,40 l'aune ; on demande quel est, à 1/2 cent. près, le prix d'une pelote contenant 180 mètres du fil qui a servi à fabriquer cette toile, sachant que les trois fils juxtaposés* forment en moyenne une largeur d'un millimètre.

On observera que l'aune vaut 1ᵐ,20 et que la toile est formée de deux séries de fils, les uns parallèles à la longueur et les autres à la largeur.

(Brevet élémentaire.)

613. — Un hectare donne par an 3 récoltes de luzerne fraîche pesant chacune 34 650 kilogr. ; ce fourrage se vend sec 54ʳ,75 les 1 000 kilogr. ; sachant que le produit annuel d'un terrain de 153 mètres de long sur 74 mètres de large a été vendu 2 770ʳ,75, on demande combien pour 0/0 la luzerne fraîche perd de son poids par l'effet de la dessiccation.

(Brevet élémentaire.)

614. — Il faut 1 hectol. de froment pour ensemencer un champ de 35 ares ; quelle quantité faudra-t-il pour ensemencer un champ de forme triangulaire ayant 235 mètres de base et 84 mètres de hauteur ?

(Certificat d'études primaires.)

615. — Deux champs rectangulaires sont à vendre. Le premier a 75 mètres de longueur sur 15ᵐ,50 de largeur et on l'offre pour 450 fr. Le second a 60 mètres de longueur sur 17ᵐ,25 de largeur, et on l'offre pour 500 fr. Lequel est le meilleur marché ? Vous direz le rapport qui existe entre les deux prix.

(Certificat d'études primaires.)

616. — Pour couvrir une maison, il faut 40 tuiles par mètre carré de surface. Combien coûtera, au prix de 65 fr. le mille de tuiles, la couverture d'une maison ayant 40ᵐ,50 de long sur 34ᵐ,20 de large ?

(Certificat d'études primaires.)

617. — Un champ rectangulaire a été labouré par un ouvrier payé à raison de 23 fr. l'hectare. L'ouvrier n'a point de mètre pour mesurer son travail ; mais il sait que 100 pas valent 70 mètres, et il trouve que le champ a 180 pas de long sur 85 pas de large. Dites combien il recevra.

(Certificat d'études primaires.)

618. — Un champ d'avoine rapporte, en moyenne, 16 hectol. par hectare. Cela posé, on veut connaître : 1° le nombre de quintaux d'avoine qu'on récoltera dans un champ de forme rectangulaire, ayant 106 mètres de longueur sur 87ᵐ,50 de largeur ; 2° la valeur de cette récolte, sachant que le double décalitre d'avoine pèse 1 myriagr. 5 hectogr. et coûte 2ʳ,85.

(Certificat d'études primaires.)

619. — Dans un champ rectangulaire, de 48^m, 60 de long sur 29^m,70 de large on a planté des choux en lignes distantes les unes des autres de 45 centimètres. Parvenus à maturité, on les vend 7^f,50 le 100. Trouver : 1° le nombre de choux; 2° combien ils ont produit de bénéfice net, sachant que la location du terrain est faite à raison de 500 fr. l'hectare, et que les frais de culture se sont élevés à 85^f,379.

(Certificat d'études primaires.)

620. — Un cultivateur achète dans les mêmes conditions 2 champs : l'un a une surface de 34^a,28; l'autre a la forme d'un carré de 80 mètres de côté. Le second lui coûte 600 fr. de plus que le premier. Quel est le prix d'achat de chaque champ?

(Certificat d'études primaires.)

CHAPITRE SEIZIÈME

PROBLÈMES SUR LES VOLUMES ET LES SURFACES DES CORPS SOLIDES.

CUBE ET PARALLÉLIPIPÈDE.

621. — Un terrain carré, d'une contenance de 1^{ha},16^a,64^{ca}, doit être entouré d'un mur de 2^m,40 de hauteur sur 0^m,50 d'épaisseur. Les fondations seront profondes de 0^m,50 sur 0^m,60 de largeur. La fouille des fondations sera payée 0^f,75 le mètre cube et toute la maçonnerie 9 fr. le mètre cube. Quelle sera la dépense de cette construction?

622. — On sait qu'un corps plongé dans l'eau perd de son poids le poids du volume d'eau qu'il déplace. Il en résulte qu'un corps flottant, c'est-à-dire immobile sur l'eau, a précisément le poids de l'eau déplacée. Cela étant, on demande le poids du chargement qu'on devra placer dans une caisse dont les dimensions extérieures sont 1^m,20 de long, 0^m,60 de large et 0^m,70 de hauteur, si on veut que la ligne de flottaison soit à 0^m,20 du bord supérieur. Le poids de la caisse vide est de 65 kilogr.

623. — On demande à quelle profondeur s'enfoncera une caisse de 1^m,30 de long, 0^m,80 de large et 0^m,70 de hauteur, dont le poids est 70 kilogr., et qui renferme des objets pesant 4 quintaux 1/2?

624. — On achète une coupe de bois à raison de 12 fr. le stère de gros bois, et 25 fr. le cent de bourrées*. Tout le bois scié à 0^m,80 de longeur forme une pile de 90 mètres de long sur 1^m,20 de hauteur. Le nombre des bourrées est de 4 625. Combien payera-t-on?

625. — Un morceau de fer qui pèse 117 kilogr. doit être étiré en barre, en passant par une ouverture de 0^m,06 sur 0^m,02. Quelle longueur aura-t-il après l'opération? (La densité * du fer est 7,8.)

626. — On a répandu sur un champ carré de 240 mètres de côté 288 mètres cubes de marne*, qui coûte 1^f,20 le mètre cube. A combien revient le marnage d'un hectare et quelle sera l'épaisseur de la couche de marne, si elle est parfaitement égalisée?

627. — Quel sera dans l'air, dans l'eau et dans l'huile d'olive dont la densité est 0,915, le poids d'un cube de fer de 6 centimètres de côté, la densité du fer étant 7,8?

628. — Un entrepreneur doit faire niveler une place rectangulaire de 30 mètres de long sur 12 mètres de large. La hauteur moyenne de la terre à enlever est 0^m,80. Cette terre est enlevée au moyen de tombereaux * contenant 1^{m3} 4/5. Il paie 10 fr. par jour pour le transport, et 2 ouvriers sont occupés à piocher et à charger, à raison de 5^f,25 par jour. Quel gain devra faire cet entrepreneur, si cet ouvrage lui est payé 1^f,25 le mètre cube et s'il fait enlever journellement 16 tombereaux de terre?

629. — On veut creuser une fosse de 15 mètres de long sur 45 décim. de large et 1^m,60 de profondeur, à raison de 0^f,60 le mètre cube. Quelle sera la dépense et combien faudra-t-il employer d'ouvriers, si l'on veut que ce travail soit fait en 10 jours, sachant qu'un ouvrier peut enlever par jour 5^{m3},4 de terre?

630. — Un vase cubique de 40 centimètres de côté est plein d'eau distillée *; on en retire 14 litres qu'on remplace par un liquide dont la densité est les 7/8 de celle de l'eau. Quel est le poids du mélange?

631. — Quelle est la capacité d'un cube creux en cuivre de 5 centimètres de côté et du poids de 396 grammes? La densité du cuivre est 8,8.

632. — Combien, pour faire un stère, faudrait-il de madriers * de 1^m,25 de long sur 0^m,10 de large et 0^m,20 d'épaisseur?

633. — Dans un décim. cube creux plein d'eau, on plonge une chaîne en fer dont la densité est 7,8. L'ayant ensuite retirée, on constate que la hauteur du liquide n'est plus que de 5 centimètres. On demande le volume et le poids de cette chaîne.

634. — Une règle en fer d'un centimètre d'épaisseur a 50 centimètres de long sur 5 centimètres de large. Quel en est le poids, ·

la densité du fer étant 7,8, et combien en faudrait-il de semblables pour faire un mètre cube?

635. — Si on faisait passer cette règle au laminoir * pour la réduire à une épaisseur de 5 millim., quelle longueur aurait-elle ensuite?

636. — Un morceau de bois en forme de parallélipipède rectangle de 5 centimètres de long sur 4 centimètres de large et 4 centimètres d'épaisseur, pèse 72 grammes. Quelle est sa densité?

637. — Combien fera-t-on de kilogr. de charbon avec une pile de bois de 12 mètres de long sur 1^m,50 de hauteur, le bois étant coupé à une longueur de 60 centimètres? Le bois, pour se transformer en charbon, perd le 1/5 de son poids et la densité de ce bois est 9/10.

638. — Quel est le poids d'une pièce de bois dont le volume est un décistère 1/2, et qui a 3 décim. de large sur 2 décim. d'épaisseur? Cette pièce de bois est revêtue sur ses 4 faces d'une lame de fer de même longueur et de 5 centimètres de largeur sur 4 millim. d'épaisseur. La densité de ce bois est 0,940 et celle du fer 7,8.

639. — On a du bois scié à une longueur de 0^m,80. On en fait une pile de 30 mètres de long sur 1^m,50 de hauteur. Combien y a-t-il de stères, de cordes (4 stères) et de voies (2 stères), et quelle en est la valeur à 150 fr. le décastère?

640. — Voulant connaître la densité du grès, on en pèse un bloc de 0^m,60 de long sur 0^m,50 de large et 0^m,15 d'épaisseur. Le poids étant de 130^{kg},500, on demande la densité.

641. — Quel est le poids d'une voiture de 250 pavés carrés de 15 centimètres de côté sur 8 centimètres d'épaisseur, la densité du grès étant 2,90?

642. — Combien pèse un bloc de marbre dont la densité est 2,84, sachant que ce bloc plongé dans un bassin à parois * perpendiculaires de 1^m,50 de long sur 80 centimètres de large, a fait monter de 5 centimètres l'eau contenue dans ce bassin?

643. — Des terrassiers doivent enlever une couche de terre de 0^m,30 d'épaisseur sur toute la surface d'un 1/2 hectom. carré. Au bout de 50 jours, l'ouvrage étant fini, on a à leur payer 900 fr. Combien y avait-il d'ouvriers, et combien leur donnait-on par mètre cube, chaque ouvrier enlevant par jour 6 mètres cubes?

644. — Un chêne équarri * de 8 mètres de long sur 0^m,25 centimètres de côté, est débité en planches de 4 mètres de long et 25 millim. d'épaisseur. Combien fera-t-on de planches? A quel prix reviennent-elles en tout, et quel est le prix du mètre carré de ces planches, sachant que l'arbre a coûté tout équarri 6 fr. le décistère, et qu'on a payé le scieur * de long à raison de 1 fr. le mètre carré?

645. — On a recouvert d'un léger feuillage de fer de 1 millim. d'épaisseur une table rectangulaire de 4 mètres de long sur

1^m,25 de large. Ce feuillage coûtant 50 fr. le quintal et la densité du fer étant 7,80, trouvez le prix du fer employé à ce travail.

646. — On doit creuser un fossé de 450 mètres de long sur 3 mètres de large et 1^m,60 de profondeur. Pendant le mois de janvier on y occupe 15 ouvriers qui travaillent 8 heures par jour, excepté le dimanche, ce qui fait 4 jours de chômage. Ils font ainsi 960 mètres cubes. Les travaux interrompus sont repris au mois d'avril. Les ouvriers travaillent 10 heures et on veut que le fossé soit terminé en 15 jours. A quel chiffre doit être porté le nombre des terrassiers?

647. — Un sapin équarri * d'une longueur de 8 mètres sur 23 et 25 centimètres d'épaisseur moyenne, est porté par 4 hommes. Quel poids chacun supporte-t-il si la densité du sapin est les 53/100 de celle de l'eau.

648. — Combien faudrait-il d'hommes pour porter un chêne équarri * de 10 mètres de long sur 24 centimètres de largeur et 24 centimètres d'épaisseur, de façon que chacun ne portât que 54 kilogr.? Le chêne pèse les 3/4 du poids de l'eau.

649. — Une auge * en grès ayant la forme d'un parallélipipède rectangle de 0^m,60 de long sur 0^m,45 de large et 0^{m}40 de hauteur, pèse 116 kilogr. Quelle est la contenance de cette auge, la densité du grès étant 2,90?

650. — Un cultivateur avait un tas de fumier de 6 mètres de long sur 3^m,50 de large et 1^m,20 de hauteur, avec lequel il a fumé un champ rectangulaire de 175 mètres de long sur 40 mètres de large. Combien de mètres cubes de fumier lui aurait-il fallu pour fumer ainsi 1 hectare?

651. — Sachant que l'eau en se congelant augmente de 1/15 de son volume, trouvez le volume et le poids d'un bloc de glace de 0^m,80 de long, 0^m,50 de large et 0^m,20 d'épaisseur, et dites la quantité d'eau qu'il donnera en se fondant.

652. — On veut faire établir un coffre à avoine dans un endroit où il ne pourra avoir que 2 mètres de long sur 0^m,80 de large. Quelle devra être sa profondeur, si l'on veut qu'il contienne 12 hectol.?

653. — Les roues d'une voiture ont 4^m,50 de circonférence. On demande le prix du fer qui les entoure, à raison de 0^f,25 le kilogr., ce fer ayant une largeur de 5 centimètres sur 2 centimètres d'épaisseur et la densité du fer étant 7,8?

654. — Un bloc de pierre pèse 84 quintaux. Un décim. cube de cette pierre pesant 2^{kg},800, quelle longueur de chemin pourrait-on faire avec 10 blocs semblables, lorsqu'ils seront cassés, si on en met une épaisseur de 20 centimètres sur une largeur de 5 mètres.

655. — Combien devra-t-on débiter de madriers * de 20 centimètres d'équarrissage * sur 6 mètres de long, pour faire un parquet * de 12 mètres de long sur 8 mètres de large, les planches ayant 2 centim. 1/2 d'épaisseur? Combien coûtera ce travail à raison de 0ᶠ,50 le mètre carré?

656. — Un cultivateur a vendu les 2/5 de sa récolte de blé, puis le 1/3 du reste. Après avoir encore vendu les 3/8 du reste, il en a encore jusqu'à une hauteur de 1ᵐ,50 dans une chambre carrée de 2 mètres de côté. L'hectol. de ce blé pesant 80 kilogr., on demande combien ce cultivateur avait récolté de sacs de 120 kilogr.

657. — On doit creuser un canal d'une longueur de 103 kilomètres sur une largeur de 12 mètres et une profondeur de 3 mètres. Si l'on veut qu'il soit fini en un an, déduction faite des dimanches et fêtes légales, combien faudra-t-il employer d'ouvriers terrassiers, un ouvrier pouvant fouiller et charger 4 mètres cubes de terre par jour?

658. — On veut faire un chemin de 6 mètres de large et d'une longueur d'un kilomètre 1/4. Pour niveler ce chemin, il faudra enlever de la terre à certains endroits pour la porter à d'autres. Il y aura ainsi 1000 mètres cubes de terre à enlever et à transporter; la chaussée * sera en pierre sur une largeur de 5 mètres et une épaisseur de 20 centimètres. Le terrain à acquérir est estimé 20 cent. le mètre carré. Un entrepreneur a obtenu moyennant un rabais de 5 cent. par franc, l'adjudication de ce chemin à raison de 0ᶠ,75 par mètre cube de terrasse et de 3ᶠ,50 le mètre cube de pierres fournies et mises en place. (Prix portés au devis *). Combien coûtera la construction de ce chemin?

659. — Faites le compte de ce qu'a coûté un petit bûcher, dans les conditions suivantes :

Maçonnerie. — Fouille des fondations sur une longueur de 18ᵐ,40 avec 0ᵐ,50 de profondeur et 0ᵐ,50 de largeur à 0ᶠ,75 le mètre cube; remplissage en pierre hourdée * en terre à 7 fr. le mètre cube; mur en élévation en pierre hourdée en terre de 3ᵐ,50 de hauteur et 40 cent. d'épaisseur; 2 pointes de 4 mètres sur 1ᵐ,50 et 0ᵐ,40 à 7ᶠ,50 le mètre cube; à déduire une baie * de 2 mètres sur 0ᵐ,90. Crépis en chaux et sable à l'intérieur et à l'extérieur à 0ᶠ,50 le mètre carré, le développement étant de 16ᵐ,80 à l'intérieur et 20 mètres à l'extérieur, sans déduction de la baie, pour compenser le tableau en plâtre et les scellements.

Charpente et menuiserie. — 1 porte en grisard * barrée en chêne, de 0ᵐ,034 d'épaisseur à 6ᶠ,50 le mètre superficiel ; 2 linteaux * en chêne de 18 à 20 cent. sur 1ᵐ,50 de long; un faîtage * en chêne de 6 mètres sur 18 à 20 cent. à 100 fr. le stère; 24 chevrons * en bois blanc de 2ᵐ,50 sur 10 cent. de côté à 60 fr. le stère.

Couverture. — Couverture en tuile, lattes, plâtres, égout * et cueillie * compris : 12 mètres sur 2ᵐ,50 à 4ᶠ,50 le mètre superficiel; faîtage en faîtières de Bourgogne : 6 mètres à 2ᶠ,30 le mètre.

Serrurerie. — Ferrement et serrure de la porte : 15 fr.

660. — On veut faire construire devant la façade d'une maison un petit mur surmonté de grilles. Ce mur aura 8 mètres de long sur 0^m,50 d'épaisseur et 1 mètre de hauteur, non compris les fondations de 0^m,50 de profondeur et 0^m,60 de largeur. Sur ce mur, il y aura 4 piliers en brique dure à base carrée de 0^m,50 de côté sur 1^m,20 de hauteur. Entre ces piliers seront placées 3 travées de grilles. Sur les piliers et sur les murs d'appu- seront posées des dalles * de 0^m,55 de côté. Le mur sera crépi * et les piliers jointoyés * en mortier de chaux. La fouille des fonda- tiens sera payée 0^f,75 le mètre cube; toute la maçonnerie hourdée en terre, 7^f,50 le mètre cube; les piliers en briques seront payés 60 fr. le mètre cube; les grilles 10 fr. le mètre linéaire; les dalles 15 fr. le mètre superficiel; le crépi 0^f,50 le mètre superficiel et le jointoiement 1 fr. le mètre superficiel. Faites le devis * de ce mur.

CYLINDRE.

661. — Quel est le poids d'une meule en pierre de 1^m,50 de diamètre sur 0^m,40 d'épaisseur, si la densité de cette pierre est 2 fois 1/2 celle de l'eau?

662. — Quel est le volume et le poids d'une colonne cylin- drique en grès de 50 centimètres de diamètre? Sa hauteur est de 2^m,40 et la densité du grès est 2,9.

663. — Un cylindre ayant intérieurement 0^m,20 de diamètre et 0^m,25 de longueur est rempli d'un liquide dont la densité est 0,915. Quel est le poids du tout, sachant que le vase seul pèse 81^{Dgr},5?

664. — Calculez le poids du lait contenu dans un vase cylin- drique de 0^m,40 de diamètre intérieur sur 0^m,50 de hauteur, sachant que la densité du lait est 1,03.

665. — Dans un puits de 1 mètre de diamètre, il y a de l'eau jusqu'à 1^m,50 de hauteur. Combien contient-il de pièces de 220 litres?

666. Vous allez chercher 1 kilogr. 150 gr. d'huile chez un épicier. Ce dernier, qui vient d'envoyer ses balances à la vérifica- tion, s'avise alors de prendre pour mesure un double litre cylindrique de 108 millim. de diamètre, et comme il vous connaît bon calculateur, il vous prie de lui indiquer la hauteur que devra atteindre le liquide dans le vase. Faites connaître cette hau- teur, sachant que la densité de cette huile est 0,920.

667. — La densité de la vapeur d'eau est les 5/8 de celle de l'air, et un litre d'air pèse 1^b,293. Quel serait le poids de la vapeur contenue dans le cylindre d'une machine, ce cylindre ayant 0^m,50 de diamètre et 0^m,80 de longueur?

668. — Combien faut-il payer pour la peinture de 6 poteaux cylindriques de 2^m,50 de haut sur 62 cent. de pourtour à raison de 1 centime 1/2 le décimètre carré?

669. — Un rouleau de bois a 5 mètres de long et 40 cent. de diamètre. Quel en est le prix à 50 fr. le stère? et quel est son poids, si la densité du bois avec lequel il est fait est 0,825?

670. — Combien un dessus de poêle en marbre de forme circulaire ayant 50 centimètres de diamètre sur 2 d'épaisseur pèsera-t-il? La densité du marbre est 2,84.

671. — Un cylindre de liège de 4 cent. de hauteur a un diamètre de 50 cent. Quel est son poids, sachant que la densité du liège est 1/4 de celle de l'eau, et de quel poids faudrait-il qu'il fût chargé pour s'enfoncer entièrement dans l'eau?

672. — Le litre d'huile de pétrole * pèse 800 gr. et se vend 1^f,10 le kilogr. D'après cela, quelle est la valeur de l'huile de pétrole contenue dans un bidon * cylindrique de 20 cent. de diamètre et 25 cent. de hauteur?

673. — La circonférence extérieure de la maçonnerie d'un puits est de 5 mètres, la circonférence intérieure de 3 mètres et sa profondeur de 15 mètres. Quel est le prix de cette maçonnerie à raison de 18 fr. le mètre cube?

674. — Deux sources d'eau donnant l'une 84 hectol., l'autre 36 hectol. à l'heure, font mouvoir un moulin après avoir préalablement rempli un réservoir circulaire de 157 mètres de tour et d'une profondeur de 1^m,20. On a vidé ce réservoir pour le curer. Cette opération a duré 24 heures. Le moulin ne devant marcher qu'après que le bassin sera complètement rempli, dites pendant combien de temps ce moulin chômera *.

675. — On fait placer une colonne cylindrique en fonte de 0^m,25 de diamètre et de 2^m,50 de hauteur. On l'achète à raison de 250 fr. la tonne; la mise en place coûte 5^f,30; de plus il faut la peindre, à raison de 1 fr. le mètre superficiel. Quelle est la dépense totale? La densité de la fonte est 7,8.

676. — Une cuve cylindrique de 1 mètre de diamètre pèse vide 4 535 décagr. Après l'avoir placée dans un réservoir d'eau supposée pure, on y verse 151 litres d'eau; de combien de centimètres s'enfoncera-t-elle?

677. — Dans un tube cylindrique de 0^m,10 de diamètre intérieur, on verse 4^{kg},044 gr., 81 de lait dont la densité est 1,03. A quelle hauteur s'élève le liquide?

678. — Dans un réservoir cylindrique de 5 mètres de diamètre, on a jeté plusieurs madriers de chêne qui ont fait monter l'eau de 8 centimètres. Dites la valeur de ce bois à 25 fr. le stère.

679. — Pour rouler un champ d'une contenance de 4 hectares 71 ares 24 centiares et d'une largeur de 8 décamètres, on se sert d'un rouleau en fonte ayant 50 centim. de diamètre et 1^m,60 de long. Combien ce rouleau fera-t-il de tours ?

680. — Une colonne en bois, de 25 centimètres de diamètre et de 5 mètres de hauteur, doit être recouverte d'un feuillage de fer de 2 millim. d'épaisseur, valant 50 fr. le quintal. Le poids spécifique du fer étant 7,8, on demande quel sera le prix de ce travail, en ajoutant 5 fr. pour la main-d'œuvre *.

PRISME ET PYRAMIDE.

681. — On veut niveler un terrain. Ce terrain forme une pente régulière ; la hauteur perpendiculaire du sommet à la base est de 12 mètres, la longueur horizontale est de 40 mètres et la largeur de 15 mètres. Les ouvriers étant payés 0^f,75 le mètre cube, on demande ce que coûtera ce nivellement.

682. — Quel serait le poids d'une pyramide quadrangulaire en grès de 4 mètres de hauteur, dont la base rectangulaire a 1^m,20 de long sur 0^m,75 de large, la densité du grès étant 2,90 ?

683. — Le long d'un terrain rectangulaire de 34 ares de superficie et d'une largeur de 42^m,50, on a creusé un fossé de la longueur du champ, et dont la largeur prise sur ce champ est, en haut, de 4^m,50, et en bas, de 3 mètres seulement. Sa profondeur est de 1^m,52. Toute la terre retirée du fossé est répandue sur le champ. De combien ce champ se trouvera-t-il exhaussé ?

684. — La monnaie de bronze actuelle renferme en poids 95 0/0 de cuivre, 4 0/0 d'étain et 1 0/0 de zinc. Les densités de ces métaux étant respectivement 8,85, 7,29 et 7,19, pour quelle somme faudrait-il en fondre pour faire une pyramide quadrangulaire en bronze de 0^m,10 de côté à la base sur 0^m,18 de hauteur ?

685. — Un chemin vicinal de 4 kilom. 1/4 de longueur doit être bordé de chaque côté d'un fossé de 0^m,40 de profondeur sur 0^m,75 de large en haut et 0^m,45 en bas. Ce travail étant payé 0^f,60 le mètre cube, dites combien il coûtera en tout, et combien on doit y employer d'ouvriers pour qu'il soit terminé en 17 jours, chaque ouvrier creusant par jour 6 mètres cubes.

686. — Un propriétaire veut faire établir dans un champ rectangulaire de 210 mètres de long, 10 rangées de drains * dans le sens de la longueur. Ces tuyaux, longs de 30 centimètres, lui coûtent 20 fr. le mille. On mettra 2 rangées de collecteurs (tuyaux plus gros pour recevoir les eaux des petits) dans le sens de la largeur, en tout 160 mètres. Ces collecteurs qui ont 0^m,40 de long coûtent 60 fr. le mille. Ces tuyaux seront placés à une profondeur de 1 mètre ; les tranchées * auront 0^m,10 de large en bas et 0^m,40 en haut. Ce travail, y compris la fouille, la pose des tuyaux et le remblai *, coûtera 75 centimes par mètre cube de terre remuée. Quelle sera la dépense totale, sachant qu'il y a environ un déchet de 5 0/0 dans les tuyaux, c'est-à-dire que 5 tuyaux sur 100 ne peuvent servir?

687. — Un tas de pierres, de forme ordinaire, qui a 0^m,50 de hauteur, 16^m,50 de long sur 6^m,50 de large en bas, et 14 mètres de long sur 5^m,50 de large en haut, doit être étendu sur un chemin de 5 mètres de large. Quelle longueur de chemin pourra-t-on faire, sachant que l'épaisseur de la couche sera 0^m,15?

688. — On veut creuser une fosse à fumier dont les dimensions seront : en bas, 3^m,40 de long sur 2^m,60 de large, et en haut, 4^m,80 de long sur 3^m,20 de large. La profondeur sera 0^m,90. Quelle sera la contenance de la fosse?

689. — On veut faire un réservoir en forme de tronc de prisme quadrangulaire, dont les dimensions seront en haut 6^m,40 de long sur 4^m,90 de large, et en bas 5^m,60 de long sur 4^m,10 de large. Ce réservoir devant contenir 216 hectol., quelle profondeur faudra-t-il lui donner?

690. — Un cultivateur a un tombereau dont la caisse a les dimensions suivantes : longueur 1^m,50 en bas et 1^m,60 en haut; largeur, 0^m,90 en bas et 1 mètre en haut; hauteur, 0^m,80. Dans un champ carré de 90 mètres de côté, il a mis 25 tombereaux de fumier de ferme consommé, pesant 750 kilogr. le mètre cube et valant 1 fr. les 100 kilogr. A combien revient la fumure d'un hectare?

CÔNE ET TRONC DE CÔNE.

691. — Une meule de blé de 6 mètres de hauteur a, dans sa partie inférieure jusqu'à la hauteur de 3^m,60, la forme d'un cylindre de 5 mètres de diamètre; le reste a la forme d'un cône. Trouvez le volume de cette meule.

692. — Quelle est la valeur d'un pain de sucre ayant 0^m,25 de diamètre à la base et 0^m,54 de hauteur? La densité du sucre est 1,20 et le prix est de 1^f,60 le kilogramme.

693. — Une cuve, pleine de vin, a la forme d'un cône tronqué de 1 mètre de profondeur, sur un diamètre de 1^m,20 en haut et de 0^m,80 en bas. Combien, avec le vin contenu dans cette cuve, pourra-t-on remplir de fûts de 108 litres chacun?

694. — Combien pèse la couverture en zinc d'une petite tourelle, cette couverture ayant la forme d'un cône de 2^m,50 de diamètre à la base et de 3 mètres de côté? Ce zinc a une épaisseur d'un demi-millim. et sa densité est 6,86.

695. — Un réservoir rectangulaire de 1^m,19 de long sur 1^m,10 de large et 0^m,90 de profondeur est plein d'eau jusqu'aux 4/5 de sa hauteur. On le vide avec un seau dont le diamètre supérieur est de 0^m,28 et le diamètre inférieur de 0^m,22 sur 0^m,40 de hauteur. Combien en tirera-t-on de seaux?

696. — Dans un réservoir à base carrée de 15 décim. de côté et à parois* perpendiculaires, contenant déjà 2 167 décil. d'eau, on a versé le contenu de dix baquets* en forme de cônes tronqués, de 40 centimètres de profondeur sur un diamètre de $0^m,60$ en haut et de $0^m,40$ en bas. A quelle hauteur le liquide s'élève-t-il dans le bassin?

BOIS EN GRUME ET ÉQUARRIS. — BARRIQUES ET FÛTS.

697. — On achète 3 arbres en grume* à raison de $2^r,60$ le décistère. Tous les trois ont une longueur de 14 mètres. Leur circonférence moyenne est de $1^m,80$ pour le 1er, $2^m,40$ pour le 2e et $2^m,20$ pour le 3e. On demande combien devra débourser l'acheteur.

698. — Un propriétaire vend à un marchand de bois 6 chênes, 5 sapins et 10 peupliers en grume*. La circonférence moyenne des chênes est de $0^m,80$, celle des sapins de $0^m,72$ et celle des peupliers de $0^m,88$. Les chênes ont une longueur moyenne de 10 mètres; les sapins et les peupliers, une longueur moyenne de 15 mètres. Il a touché pour cette vente une somme de $483^r,30$. Combien a-t-il vendu le décistère de chaque espèce de bois, sachant que les sommes reçues pour chaque sorte de bois sont entre elles comme les nombres 160, 135 et 242?

699. — On achète 3 peupliers en grume* de 15 mètres, 10 mètres et 12 mètres de longueur, et d'une circonférence moyenne de $0^m,70$, $0^m,80$ et 1 mètre. On les fait débiter en planches de $0^m,02$ d'épaisseur. Pour cela il faut qu'ils soient équarris. Les côtés d'un arbre équarri étant égaux au 5e de sa circonférence moyenne en grume, on demande : 1° le nombre de planches qu'on pourra faire, chaque arbre étant coupé en deux; 2° la surface totale de ces planches; 3° le prix de revient du mètre carré de planches, sachant que les arbres sont revenus après l'équarrissage à 3 fr. le décistère, et que, pour les débiter, le scieur* de long prend $0^r,50$ par mètre carré (pour chaque planche).

700. — Un sabotier achète pour faire des sabots deux arbres en grume* d'une même longueur de 15 mètres et d'un diamètre moyen de $0^m,20$ et $0^m,18$. Ce bois lui revient, rendu chez lui, à 25 fr. le stère. Sachant qu'on peut faire, dans un décistère de bois, 20 sabots moyens d'hommes, que la façon* coûte $0^r,45$ la paire, et que les sabots sont vendus $0^r,90$ la paire, on demande quel bénéfice fait le sabotier sur son achat.

701. — Le même sabotier ayant acheté un arbre de $0^m,80$ de circonférence sur 15 mètres de long à 3 fr. le décistère, en fait des sabots assortis* qu'il vend en moyenne $0^r,70$ la paire. On peut en faire ainsi 15 paires dans un décistère. La façon* est indistinctement de $0^r,45$ la paire. Combien gagne-t-il?

4.

702. — Si, dans le problème précédent, c'est le sabotier lui-même qui fait les sabots, combien gagne-t-il réellement par paire et en tout ?

703. — Avec la récolte d'un terrain planté en vigne, on a pu remplir 15 fûts ayant pour dimensions intérieures 1ᵐ,09 de diamètre au bouge *, 0ᵐ,85 aux bouts et 1ᵐ,25 de longueur. Calculez le prix de ce vin, à raison de 90 fr. la pièce de 225 litres, ainsi que l'impôt perçu par l'Etat à raison de 0ᶠ,02 par litre.

704. — Quelle est, à raison de 0ᶠ,50 le litre, la valeur du vin contenu dans une barrique de 0ᵐ,80 de longueur intérieure, le diamètre moyen des fonds étant de 0ᵐ,40 et celui du bouge * de 0ᵐ,56 ?

705. — Un verre cylindrique a 5 centimètres de diamètre sur une profondeur de 8 centimètres. Dans un fût ayant 0ᵐ,80 de longueur intérieure, 38 centimètres de diamètre aux bouts et 58 au bouge, combien y a-t-il de verres de cette capacité, et quel est le prix d'un verre de vin, si ce fût a été acheté à raison de 50 fr. l'hectol.? Le transport a coûté 1ᶠ,50.

706. — Un marchand de vin a mis 223 litres de vin à 40 fr. l'hectol. dans un fût dont les dimensions sont de 1ᵐ,08 de diamètre au bouge et de 0ᵐ,84 aux extrémités, sur une longueur de 1ᵐ,25. Il a achevé de remplir ce fût avec du vin à 45 fr. l'hectol. Combien a-t-il vendu le litre du mélange, s'il a gagné 59ᶠ,35 sur le tout ?

SPHÈRE.

707. — On a une sphère creuse en plomb de 5 centimètres de diamètre. La cavité intérieure a une capacité de 5ᶜᵐᶜ,45. Quel est le poids de cette sphère, la densité du plomb étant 11,35 ?

708. — Une boule de verre pèse 15 kilogr. On demande son rayon, sa surface, et le poids de la couche d'argent qui la recouvrirait entièrement sur une épaisseur de 1/10 de millim., la densité du verre étant 2,50 et celle de l'argent 10,50.

709. — On a une sphère massive d'argent pur de 5 centimètres de diamètre. Quelle en est la valeur au change * des monnaies, la densité de l'argent étant 10,50.

710. — Un ballon sphérique de 5 mètres de diamètre est rempli de gaz hydrogène *, dont la densité est les 7/100 de celle de l'air. Sachant que l'air pèse 770 fois moins que l'eau, quel poids ce ballon, qui, avec sa nacelle, pèse 24ᵏᵍ,5, peut-il enlever dans l'air, en laissant 5 kilogr. de différence entre le poids de l'air déplacé et le poids total de l'aérostat et de son chargement ?

CHAPITRE DIX-SEPTIÈME

RÉCAPITULATION SUR LES VOLUMES.

PROBLÈMES DONNÉS DANS LES CONCOURS ET LES EXAMENS.

711. — Le beurre fondu pèse $0^g,935$ le centimètre cube et se vend $2^f,85$ le kilogr. On demande la profondeur d'un vase cylindrique qui en contient pour $34^f,80$ quand il est plein, sachant que le fond a une surface de 435 centimètres carrés ?
(Brevet élémentaire.)

712. — Le gaz qui entretient la combustion et qu'on appelle oxygène forme 20,8 0/0 du volume de l'air. Cela posé, une bougie consume 4/5 de litre d'oxygène en une 1/2 minute ; combien de temps pourraient brûler 300 bougies dans une chambre hermétiquement* fermée dont les dimensions seraient de $4^m,25$, $3^m,50$ et $3^m,20$? On suppose que l'expérience est faite dans les conditions convenables pour que les bougies ne s'éteignent que lorsque l'oxygène est complètement épuisé.
(Brevet supérieur.)

713. — Il résulte d'observations faites que pendant un certain temps il est tombé $18^{mm},4$ d'eau pluviale ; on demande d'exprimer en hectol. la quantité d'eau tombée sur un jardin de $2^a,45$?
(Brevet élémentaire.)

714. — Quel est le volume d'une sphère pleine, en fonte*, de 1 mètre de diamètre, et quel est son poids, la densité de la fonte étant 7,2 ? A raison de $0^f,85$ le mètre carré, combien devra-t-on payer pour faire peindre sa surface ?
(Brevet supérieur.)

715. — Que coûtera la maçonnerie d'un puits de forme cylindrique, de $36^m,66$ de profondeur, en supposant que l'épaisseur du mur soit de $0^m,70$, que le diamètre inférieur soit de $2^m,80$ et que le prix de revient soit évalué à $12^f,70$ le mètre cube ?
(Brevet supérieur.)

716. — On a recueilli dans un vase l'eau tombée sur le sol pendant un orage : la hauteur de cette eau est de 40 millim. Calculer d'après cette donnée : 1° l'étendue de terrain sur laquelle il est tombé 1 hectol. d'eau ; 2° le volume d'eau tombé sur une superficie de 120 ares.
(Brevet élémentaire.)

717. — Un bassin de forme rectangulaire a les dimensions suivantes : longueur $1^m,85$, largeur $0^m,75$, profondeur $0^m,58$. Il se remplit au moyen d'un robinet qui donne 2 litres d'eau par minute et se vide par un autre robinet qui donne $1^l,4$ d'eau par minute. Combien de temps faudrait-il pour remplir ce bassin, les 2 robinets étant ouverts à la fois ?

(Brevet élémentaire.)

718. — Un réservoir a $1^m,50$ de largeur, $2^m,80$ de longueur et $1^m,25$ de profondeur. On demande : 1° combien il renferme de litres quand il est plein ; 2° quelle hauteur il faudrait lui donner pour qu'il renfermât 10 mètres cubes.

(Brevet élémentaire.)

719. — On plonge dans un vase cylindrique qui contient de l'eau, et dont la base a $0^{m2},02$ de surface, un bloc de pierre dont le volume est de $0^{m3},003$ et qui est entièrement immergé *. On demande de combien le niveau de l'eau s'est élevé dans le vase ?

(Brevet élémentaire.)

720. — On répare une route sur une longueur de 4 hectom. et sur une largeur de 3 mètres, et l'on emploie 84 mètres cubes de pierres. Quelle sera l'épaisseur de la couche de pierre, et que coûtera un mètre carré de réparation, sachant que le mètre cube de pierres coûte 25 fr. lorsqu'il est employé ?

(Brevet élémentaire.)

721. — On veut marner * une terre de forme rectangulaire, de 409 mètres de long sur 379 mètres de large, avec 60 mètres cubes de marne par hectare. La marne coûte $2^f,25$ le mètre cube. On demande : 1° combien il faudra de mètres cubes de marne ; 2° combien coûtera le marnage du champ ; 3° quelle sera l'épaisseur de la couche de marne, en supposant qu'on puisse l'égaliser parfaitement.

(Brevet supérieur.)

722. — Chercher le volume et le poids d'une poutre de chêne ayant $5^m,40$ de longueur, et $0^m,63$ sur $0^m,50$ d'équarrissage *. La densité du chêne est 0,93.

(Brevet élémentaire.)

723. — J'ai acheté un tas de bois long de $4^m,75$, large de $1^m,05$ et haut de 2 mètres, à raison de $11^f,50$ le stère. Quelle est la somme que je dois payer, s'il m'est fait une remise de 1 1/2 0/0 ?

(Brevet élémentaire.)

724. — Une personne achète un terrain rectangulaire de 47 mètres sur 45 à 18 fr. l'are, pour y établir un jardin. Elle fait : 1° défoncer le sol à une profondeur de $0^m,45$, moyennant $0^f,35$ le mètre cube ; 2° répandre 12 mètres cubes de fumier valant $8^f,50$ le mètre cube ; 3° élever autour du terrain un mur de $2^m,50$, fondations comprises, lui coûtant $3^f,75$ le mètre carré ; 4° faire une

porte de 2 mètres de haut sur 1ᵐ,30 de large, coûtant 8ᶠ,50 le mètre carré et exigeant 14ᶠ,50 de ferrures. A quel prix lui revient l'are du jardin ainsi enclos?
(Certificat d'études primaires.)

725. — On fait construire une fosse à purin* pouvant contenir 974ᵐˡ, 53 et ayant 6ᵐ,25 de longueur sur 4ᵐ,05 de largeur; quelle profondeur devra-t-on lui donner?
(Certificat d'études primaires.)

726. — Une citerne* remplie d'eau a 85 centimètres de longueur sur 64 centimètres de largeur et 75 centimètres de profondeur Combien contient-elle de seaux d'eau de 12 litres?
(Brevet élémentaire.)

727. — On a vendu à raison de 0ᶠ,16 les 34 décim. cubes un tas de fumier qui a les dimensions suivantes : longueur 2ᵐ,12, largeur 1ᵐ,95, hauteur 1ᵐ,52. On demande le prix total de la vente et celui du mètre cube.
(Certificat d'études primaires.)

728. — L'air pèse 1/770 du poids de l'eau; on demande quel est le poids de l'air contenu dans une salle d'école ayant 7 mètres de long, 6ᵐ,05 de large et 3ᵐ,90 de hauteur. Sachant qu'un élève peut vicier en moyenne par la respiration 6 mètres cubes d'air par heure, pendant combien de temps 40 élèves auraient-ils la quantité d'air suffisante dans cette salle si elle était hermétiquement* fermée? Combien faudrait-il introduire d'air par minute, pour que l'aération fût suffisante pendant la durée de la classe, c'est-à-dire pendant 3 heures? Quelle devrait être la surface des vasistas*, l'air entrant avec une vitesse de 0ᵐ,50 par seconde?
(Certificat d'études primaires.)

729. — On demande quel est le poids de l'eau contenue dans un réservoir ayant 3ᵐ,60 de long, 2ᵐ,70 de large et 1ᵐ,80 de profondeur, en supposant que cette eau soit parfaitemet pure.
(Certificat d'études primaires.)

730. — Combien faudrait-il de pièces de 50 fr. en or pour faire équilibre à l'huile contenue dans un vase cylindrique ayant 0ᵐ,06 de diamètre et 0ᵐ,18 de hauteur, sachant que le litre d'huile pèse 915 grammes?
(Certificat d'études primaires.)

731. — Une caisse vide pèse 12ᵏᵍ,145. Remplie jusqu'aux 3/4 de sa hauteur de froment pesant 78 kilogr. 1/2 l'hectol., elle pèse 1 477ᵏᵍ,615. On demande quelle est la profondeur de la caisse, sachant qu'elle a 1ᵐ,96 de long et 1ᵐ,27 de large. On vend ce froment à raison de 4ᶠ,60 le double décal.; quelle somme en retire-t-on?
(Concours d'admission à l'École Normale.)

732. — Trouver le volume de la maçonnerie qui entre dans la construction d'un puits cylindrique de 4ᵐ,75 de profondeur et de 1^m,24 de diamètre intérieur, sachant de plus que l'épaisseur uniforme de cette maçonnerie est de 0^m,33.

(Certificat d'études primaires.)

733. — Un grenier a 5^m,30 de hauteur, 6^m,25 de longueur, et 3^m,18 de largeur. Il est rempli de blé aux 2/5 de sa hauteur. Combien contient-il d'hectol. et de doubles décal. de blé?

(Certificat d'études primaires.)

734. — Quelle somme doit-on retirer de la vente d'un tas de blé ayant 3^m,25 de long, 1^m,40 de large et 0^m,75 de hauteur, si ce blé est vendu à raison de 29 fr. le sac de 125 litres?

(Certificat d'études primaires.)

735. — Un tas de grain de 4^m,50 de longueur sur 3^m,40 de largeur et sur une épaisseur uniforme de 0^m,84, est formé de 7/12 de froment et de 5/12 de seigle. Le froment pèse 81 kilog. l'hectol., et le seigle 74 kilogr. Quel est le prix total à raison de 38^f,50 le quintal pour le froment, et de 31^f,75 pour le seigle?

(Brevet supérieur.)

736. — L'air, qui est composé de deux gaz, l'oxygène et l'azote, pèse, à volume égal, 770 fois moins que l'eau. L'oxygène et l'azote entrent dans la composition de l'air dans les proportions suivantes :

	VOLUME.	POIDS.
Oxygène.	21	23
Azote.	79	77

D'après cela, on demande de déterminer en volume et en poids les quantités de ces deux gaz contenues dans une chambre dont les dimensions sont : longueur 3^m,95; largeur, 3^m,20; hauteur, 2^m,95.

(Brevet supérieur.)

737. — Quelle serait la longueur d'un ruban de 2 centimètres de largeur et de 1 millimètre d'épaisseur, fabriqué avec l'or pur contenu dans une somme de 5 milliards en monnaie d'or? On sait qu'à volume égal l'or pur pèse 19 fois plus que l'eau et qu'à poids égal la monnaie d'or vaut 15,5 fois plus que la monnaie d'argent.

(Brevet élémentaire.)

738. — Un réservoir a 2^m,80 de long, 1^m,50 de large et 2^m,25 de profondeur. Combien renferme-t-il de litres d'eau, si l'eau n'arrive qu'aux 4/5 de la hauteur?

(Certificat d'études primaires.)

739. — Un tronc d'arbre a 4^m,20 de long et 0^m,45 d'équarrissage *; on le scie en 5 planches; quelle surface pourra-t-on recouvrir avec ces planches? A 0^f,60 le mètre linéaire, que valent-elles? Que vaut le mètre carré?

(Certificat d'études primaires.)

740. — Il est tombé dans une journée 1^{mm},3 d'eau de pluie. Combien a-t-on pu en recueillir de litres dans un vase ayant une ouverture carrée de 1^m,25 de côté et placé horizontalement ?

(Brevet élémentaire.)

741. — Une auge* de maçon a une profondeur de 0^m,32 ; les dimensions de la petite base, qui est rectangulaire, sont respectivement de 0^m,40 et de 0^m,25, et les faces latérales sont inclinées de 45° sur le plan de cette base : trouver la capacité de l'auge.

(Brevet élémentaire.)

742. — Un propriétaire fait creuser une cave qui, murs compris, aura 14^m,5 de longueur et 7^m,84 de large, sur une profondeur de 2^m,75 à raison de 0^f,50 par mètre cube de terre enlevée. Le maçon chargé de ce travail donnera aux murs une épaisseur de 0^m,42, et demande pour la main-d'œuvre et la fourniture des matériaux 8 fr. par mètre cube de maçonnerie. Quelle sera la dépense totale pour la construction de cette cave, sachant que le plancher devra être construit en fer et en briques, à raison de 2^f,75 le mètre carré ?

(Certificat d'études primaires.)

743. — Une poutre de 8^m,95 de long sur 48 centimètres de largeur et 55 centimètres d'épaisseur est payée 205^f,59. On la débite en solives* de 16 centimètres d'épaisseur sur 11 centimètres de largeur. Trouvez le prix d'une solive et celui d'un stère de ce bois.

(Certificat d'études primaires.)

744. — Dans une chambre rectangulaire longue de 5^m,60, large de 3^m,40, il y a du blé répandu uniformément à la hauteur de 50 centimètres : trouver la valeur totale de ce blé, à raison de 21^{f}50 l'hectol.

(Certificat d'études primaires.)

745. — Une solive qui a 6^m,25 de longueur sur 12 centimètres de largeur et 18 centimètres d'épaisseur vaut 11^f,34. Dites le prix d'un décistère de ce bois.

(Certificat d'études primaires.)

746. — On veut construire un mur de 685 mètres cubes ; on emploie des briques qui, les joints compris, ont 1 022 centimètres cubes. Quelle est la dépense, si le cent de briques coûte 2^f,85 ?

(Certificat d'études primaires.)

747. — On a un vase cylindrique dont le diamètre intérieur est de 0^m,175. Le vase étant posé sur un plan horizontal par son fond circulaire, on y verse 21 kilogr. de mercure, dont la densité est de 13,6 ; on demande à quelle hauteur le liquide s'élèvera.

(Brevet supérieur.)

748. — Deux villages, l'un de 650 habitants, l'autre de 720, ont établi un chemin pour les relier entre eux. Les terrassements sont exécutés; il ne reste plus à faire que l'empierrement de la chaussée, large de 4^m,50 sur une hauteur de 0^m,15 aux bords et de 0^m,25 au milieu. La longueur du chemin est de 2 500 mètres. On demande ce que chaque village devra payer au prorata* de sa population, si la pierre une fois employée coûte 9^f,75 le mètre cube.

(Certificat d'études primaires.)

749. — Pour l'établissement d'une route, il faut ouvrir une tranchée de 12 mètres de largeur sur une longueur de 2 750 mètres. La profondeur de cette tranchée, au milieu de son étendue, est de 6^m,45; elle diminue uniformément en allant vers chacune de ses extrémités. Combien de mètres cubes de déblais* faudra-t-il déplacer pour ouvrir cette tranchée?

(Certificat d'études primaires.)

750. — Un solide est formé d'un prisme droit à base de losange. Les diagonales de celui-ci sont de 1^m,25 et 3^m,48. La hauteur du prisme est de 4^m,54. Il est surmonté d'une pyramide qui a pour base la base supérieure du prisme et pour hauteur 3^m,95. On demande le volume du solide entier et la surface latérale du prisme seul.

(Brevet supérieur.)

CHAPITRE DIX-HUITIÈME

RÉCAPITULATION GÉNÉRALE.

PROBLÈMES DONNÉS DANS LES EXAMENS POUR LE CERTIFICAT D'ÉTUDES PRIMAIRES.

751. — Un propriétaire a récolté 325 hectol. de blé et 140 hectol. de pommes de terre. Il vend le blé à raison de 4^f,35 le double décal., et les pommes de terre à raison de 6^f,15 l'hectol. On demande : 1° quelle somme il reçoit pour cette double vente; 2° quel serait le nombre d'ares de terrain qu'il pourrait acheter avec cette somme, si le mètre carré de terrain vaut 0^f,14.

752. — Quel serait en décimètres cubes le volume occupé par une masse d'eau pure pesant autant que 4 548 fr. en monnaie d'argent?

(Certificat d'études primaires.)

753. — On répand un demi-décal. de chaux par mètre carré sur un champ de 4^{ha},9^a. On demande : 1° quelle est la dépense, si le mètre cube de chaux vaut 9^f,60; 2° combien vaut maintenant ce champ, si le produit net précédemment de 345 fr., est actuellement de 640 fr., sachant qu'avant le chaulage * le champ était estimé 4 800 fr.

754. — On a des poids égaux de monnaie d'argent et de bronze représentant en tout une valeur de 177^f,45. Quel est le poids total?

(Certificat d'études primaires.)

755. — On met 20 pièces de 5 fr. en argent dans l'un de plateaux d'une balance; combien faudra-t-il mettre de pièces de 5 fr. en or dans l'autre plateau pour rétablir l'équilibre?

(Certificat d'études primaires.)

756. — Une lampe brûle 38 gr. 7/15 d'huile par heure. Elle reste allumée pendant 3 heures 1/4. Quelle sera la dépense au bout de 30 jours, le kilogr. d'huile coûtant 1^f,40?

757. — On donne 20 fr. à une servante pour aller chercher 2^{kg},5 de bougie à 2^f,80 le kilogr., 125 grammes de café à 3^{f}20 le kilogr., 2^{kg},625 de sucre à 0^f,60 les 500 grammes, 1 kilogr. de vermicelle à 0',40 les 5 kilogr. Combien doit-elle rapporter?

(Certificat d'études primaires.)

758. — Un ouvrier dépense 3',75 par jour pour l'entretien de sa maison; au bout d'un an, après avoir payé ses dépenses avec le gain qu'il a fait en travaillant 25 jours par mois, il se trouve qu'il a mis de côté 191',25. Combien gagne-t-il par chaque jour de travail.

759. — Une vis avance de 3/4 de millimètre par tour. Combien faudra-t-il tourner de fois pour la faire avancer de 3 millimètres 1/4?

(Certificat d'études primaires.)

760. — Une vigne de 35ᵃ,48ᶜᵃ a été achetée au prix de 148 fr. l'are. Elle produit en moyenne 65 hectol. de vin par an; ce vin se vend 4',50 le décal. Les dépenses annuelles pour travaux et contributions s'élèvent à 349 fr. Combien 0/0 rapporte la somme qu'on a donnée pour l'achat de cette vigne?

(Certificat d'études primaires.)

761. — Combien faut-il verser de doubles décil. de liquide dans un décal. pour le remplir à moitié?

762. — On a payé 151',30 pour 34 mètres de calicot et 68 mètres de toile. Quel est le prix du mètre de chaque étoffe, sachant que le mètre de toile coûte 1',40 de plus que le mètre de calicot?

(Certificat d'études primaires.)

763. — Combien faut-il ajouter de décimètres cubes de bois à 3 décist. 7 pour obtenir un demi-stère?

764. — Un vase mesure 2ᵈᵐ³,35. On y verse 135 décagr. d'eau. Combien faudrait-il y ajouter de décil. de vin pour le remplir entièrement?

765. — Un limonadier achète 2 fûts de liqueur, l'un de 2ʰˡ,12' et l'autre de 2ʰˡ,4. Cette liqueur lui revient à 160 fr. l'hectol.; bien qu'il en ait perdu 24 litres, il dit qu'il a encore eu 304 fr. de bénéfice brut* en la revendant. Combien a-t-il revendu le litre de liqueur?

(Certificat d'études primaires.)

766. — Un fermier vend pour 5 326',50 de blé à raison de 26',50 l'hectol. On demande en hectares, ares et centiares la surface de terrain qui produit cette quantité de blé, sachant qu'un hectare de terre produit 19 hectol.

767. — On verse 32ᵏ,025 d'huile dans un demi-décil. Quel est le poids de l'eau pure nécessaire pour le remplir, si le litre d'huile pèse 915 grammes?

(Certificat d'études primaires.)

768. — Une salle a une capacité de 450 mètres cubes. Calculer le poids de l'oxygène qui entre dans la composition de l'air

qu'elle renferme, sachant que l'air contient 23 0/0 de son poids d'oxygène et pèse 770 fois moins que l'eau ?
(Certificat d'études primaires.)

769. — Qu'appelle-t-on titre d'une pièce d'or ou d'argent? Quel est le titre des pièces d'or? Quels sont ceux des pièces d'argent? Exprimer le titre actuel des pièces d'argent de 2 fr. sous la forme d'une fraction ordinaire irréductible.

770. — On fond ensemble une pièce d'argent de 2 fr. et une de 5 fr. La pièce de 5 fr. a perdu par l'usure les 2/75 de son poids, et celle de 2 fr. a perdu les 3/100 du sien. On demande le titre de l'alliage obtenu.
(Certificat d'études primaires.)

771. — Que signifie cette expression : Un nombre est divisible par 25? A quoi reconnaissez-vous qu'un nombre est divisible par 25? N'y a-t-il pas un moyen rapide pour diviser un nombre par 25? — Exposer la méthode et la justifier par quelques mots d'explication.

772. — Vaut-il mieux placer son argent à 3 0/0 par an que d'acheter de la rente 3 1/2 0/0 au cours de 104^f,50? (Les frais de commission pour l'acquisition de la rente sont de 1/1000 du capital.)
(Certificat d'études primaires.)

773. — Un marchand épicier a acheté 3 615 kilogr. de sucre à raison de 127^f,15 les 100 kilogr. Il veut gagner 18 0/0 en revendant sa marchandise. Combien doit-il faire payer le 1/2 kilogr. de sucre, et que gagnera-t-il en tout?

774. — Un propriétaire veut échanger 6 pièces de vin contenant chacune 116 litres, à 45 cent. le litre, contre du cidre valant 12 fr. l'hectol. Combien devra-t-il recevoir d'hectol. de cidre?
(Certificat d'études primaires.)

775. — Un marchand a une pièce de drap de 25 mètres qui lui coûte 13^f,75 le mètre, et sur laquelle il veut avoir un bénéfice de 46^f,25. Il en vend les 2/5 à 15 fr. le mètre. Quel prix par mètre devra-t-il faire payer le reste?

776. — Les 3/4 d'une pièce de toile ont été vendus 86^f,40 au prix de 1^f,60 le mètre. Dire la longueur et la valeur de la pièce entière.

777. — Le café se vend 4^f,60 le kilogr.; que coûtent 2 hectogr. 1/2 de ce café? — Si le marchand n'avait pas sous la main les poids nécessaires pour peser ces 2 hectogr. 1/2, de combien de pièces de 2 fr. pourrait-il se servir pour obtenir le même résultat?
(Certificat d'études primaires.)

778. — Deux ouvriers ont reçu 185 fr. pour un travail fait en commun; le premier a touché un acompte de 48 fr. Dire quel est le 1/7 de ce qui lui revient encore.

779. — L'hectolitre de froment pèse en moyenne 73^{kg},50. Quel sera le poids de la farine que fournira le rendement d'un hectare de terre qui a produit 25 hectol. de froment, sachant que 100 kilogr. de froment donnent 91 kilogr. 1/2 de farine?

(Certificat d'études primaires.)

780. — Un terrain de 2^{ha},9 a été payé 17 050 fr. Combien doit-on revendre le mètre carré de ce terrain pour gagner 8 fr. par are?

781. — Pour faire confectionner une douzaine de chemises d'homme, une mère de famille achète 40 mètres de toile à 1^f,40 le mètre; le fil et les boutons lui coûtent 5^f,60, et la couturière chargée du travail lui demande 1^f,80 par chemise. A combien revient une chemise?

(Certificat d'études primaires.)

782. — L'huile à brûler paie à Paris un droit d'entrée de 12 0/0. Cela posé, l'hectol. d'huile entré dans Paris valant 106^f,40, combien vaut-il hors barrière?

783. — La farine coûtant 69 fr. les 150 kilogr., on demande combien doit coûter le kilogr. de pain, en admettant que 5 kilogr. de farine donnent 6 kilogr. de pain, et que le boulanger gagne 6 fr. par 100 kilogr. de farine.

(Certificat d'études primaires.)

784. — J'ai fait mettre en peinture, à l'intérieur et à l'extérieur, un bassin cubique en tôle de 2^m,15 de côté et sans couvercle. Combien est-il dû au peintre, sachant qu'il demande 0^f,75 par mètre carré?

785. — Une marchande a acheté des œufs pour 142^f,50, à raison de 9^f,30 le cent. Combien en a-t-elle de douzaines, et quel prix doit-elle vendre la douzaine pour gagner 13^f,75 sur son marché?

786. — Un ouvrier qui gagne 5^f,25 par jour veut économiser 300 fr. par an. Il se repose le dimanche et 8 jours de fête. Combien peut-il dépenser par jour?

(Certificat d'études primaires.)

787. — Une fontaine donne 82 litres d'eau par minute. Combien mettra-t-elle de temps pour remplir un bassin de 4^m,50 de long, 1^m,80 de large et 1^m,75 de profondeur?

788. — Une pendule retarde de 12 minutes par jour. On la met à l'heure exacte à sept heures du matin. Quelle heure marquera-t-elle le lendemain, lorsqu'il sera réellement 10 heures du matin?

789. — On veut doubler 14 mètres d'une étoffe qui a 75 centimètres de large avec de la doublure qui n'a que 65 centimètres; combien en faudra-t-il de mètres de longueur?

790. — Pour couvrir une tente, il a fallu 58 mètres de toile ayant 1^m,10 de largeur. Combien en aurait-il fallu de mètres si la toile n'avait eu que 95 centimètres de largeur?

(Certificat d'études primaires.)

791. — On veut faire paver une cuisine de 5ᵐ,60 de long et 4ᵐ,90 de large avec des carreaux de 14 centimètres de côté. A combien se montera la dépense? Les carreaux coûtent 50 fr. le mille et le paveur demande 1 fr. par mètre carré.

792. — Les grandes roues d'un chariot ont 2ᵐ,25 de tour et les petites roues 1ᵐ,44. Combien les petites feront-elles de tours de plus que les grandes sur une distance de 13ᵏᵐ,212?

793. — Un marchand a acheté 72 mètres de drap. En revendant 15 mètres pour 243ᶠ,75, il gagnerait 2ᶠ,25 par mètre. Combien lui ont coûté les 72 mètres?

(Certificat d'études primaires.)

794. — Deux ouvriers qui travaillent ensemble ont reçu 72 fr. pour huit jours de travail; d'après leurs conventions, l'un, à cause de son jeune âge, ne doit toucher que la moitié du salaire de l'autre. Combien gagnent-ils chacun par jour?

795. — Avec 4 kilogr. de farine on peut faire 5 kilogr. de pain. Combien un boulanger fait-il de pains de 3 kilogr. avec deux sacs de farine pesant chacun 95 kilogr.?

796. — Une chambre a 6ᵐ,20 de longueur, 4ᵐ,80 de largeur et 2ᵐ,75 de hauteur. Elle a une porte de 1ᵐ,90 sur 1ᵐ,05, et deux fenêtres de chacune 1ᵐ,80 sur 1ᵐ,20. Quelle somme doit-on payer au peintre qui en a blanchi à la chaux les murs et le plafond à raison de 7 cent. par mètre carré?

(Certificat d'études primaires.)

797. — La pièce de vin de 215 litres coûte 290ᶠ,25. Combien coûte la bouteille, en supposant que 4 litres font 5 bouteilles?

798. — Une mère de famille fait confectionner une douzaine 1/2 de chemises avec de la toile qui coûte 1ᶠ,60 le mètre. Il faut 2ᵐ,70 pour chaque chemise, et l'on donne 15 fr. par semaine à la couturière, qui fait une chemise par jour. Combien coûtent toutes les chemises?

799. — Une bouteille vide pèse 650 grammes; pleine d'huile, elle pèse 1 075 grammes. Quelle est sa contenance? Le litre d'huile pèse 905 grammes.

(Certificat d'études primaires.)

800. — On estime que depuis la vendange jusqu'au moment de sa clarification, le vin diminue des 9/100 de son volume par l'expulsion que produit la fermentation et par le dépôt de lie. Quand le vin vaut, à la vendange, 75 fr. les 200 litres, quel prix devrait-il être vendu étant clarifié?

801. — Un marchand a acheté une pièce de drap à raison de 20 fr. le mètre. Il en a vendu la moitié à 24 fr., le sixième à 20 fr., le quart à 27 fr. et le reste à 30 fr. Il a ainsi gagné 165 fr. sur le marché. Combien de mètres a la pièce de drap?

(Certificat d'études primaires.)

802. — Un marchand s'aperçoit qu'une pièce de drap de 18^m,50, qui lui coûte 12 fr. le mètre, est avariée sur une longueur de 2^m,80. La partie dépréciée ne peut plus être vendue que 7 fr. le mètre. Quel devrait être par mètre le prix de vente du drap non avarié pour que le marchand n'éprouvât aucune perte?

803. — Un vase plein d'eau pure à 4 degrés pèse 9^{kg},68; plein d'un liquide dont le poids est les 0,91 de celui de l'eau, il pèse 9^{kg},266. On demande : 1° quelle est sa capacité; 2° quel sera son poids quand il sera vide.

(Certificat d'études primaires.)

804. — Un mélange contient 90 litres de vin et 10 litres d'eau. Combien faut-il y ajouter de vin pour que 75 litres du nouveau mélange ne contiennent plus que 3 litres d'eau?

805. — Dans une prairie de 124^m,75 de long et 84^m,25 de large, valant 123 fr. l'are, on a récolté 583 bottes de foin qu'on a vendues à raison de 65 fr. le cent. Quel a été le rapport 0/0 de cette prairie?

(Certificat d'études primaires.)

806. — Une personne se sert de bouteilles telles que 4 ont la même capacité que 3 litres. Combien lui en faut-il pour mettre en bouteilles une feuillette* de vin de 114 litres, qui lui coûte 85 fr., et à combien lui revient la bouteille de vin?

807. — Une commune agricole a l'intention d'établir sur sa place publique un grand bac devant servir d'abreuvoir aux bestiaux. On veut qu'il ait 75 centimètres de largeur, 60 de profondeur, et qu'il contienne, étant plein, 20^{hl},70. Quelle longueur devra-t-on lui donner?

(Certificat d'études primaires.)

808. — La densité du lait est 1,030. Si l'on fait un mélange contenant un dixième d'eau, combien pèsera un litre de ce mélange?

809. — Paul, Charles et Jules se sont engagés à faucher en commun, pour un fermier, à raison de 10^f,50 par hectare, la récolte en foin d'une prairie de 12^{ha},08. Ils ont commencé leur travail le lundi matin et l'ont terminé le vendredi de la semaine suivante à midi. Quelle somme chacun touchera-t-il, sachant que Jules s'est absenté un jour, Paul une 1/2 journée, et que Charles n'a pas perdu de temps?

(Certificat d'études primaires.)

810. — On veut couper une pièce de toile de 24 mètres en morceaux de $\frac{3}{4}$ de mètre. Combien y aura-t-il de morceaux?

811. — J'ai acheté un tas de bois long de 4^m,75, large de 1^m,05 et haut de 2 mètres, à raison de 11^f,50 le stère. Quelle est la somme que je dois payer, s'il m'est fait une remise de $\frac{1}{2}$ 0/0?

812. — Un particulier a prêté une certaine somme à 5 0/0 à intérêt simple. Au bout de 2 ans, on la lui restitue avec les intérêts, et il place le tout dans une industrie qui lui donne un revenu de 7 0/0 par an. Sachant alors que l'intérêt annuel s'élève à 1 450 fr., on demande quel était le capital primitif.

(Certificat d'études primaires.)

813. — Un bloc de glace a un volume de 6^{dm3},30. On demande son poids, sachant que, lorsque l'eau passe à l'état de glace, son volume augmente de $\frac{1}{14}$.

814. — Diviser 12 par $\frac{5}{7}$ et expliquer l'opération.

(Certificat d'études primaires.)

815. — Un coffre a 1^m,20 de longueur, 58 centimètres de largeur et 80 de profondeur. Quelle est la valeur de l'avoine qu'il peut contenir, sachant que l'avoine se vend 24 fr. le quintal, et qu'un hectol. pèse 48 kilogr. ?

816. — Un ouvrier agricole peut battre par jour 6 douzaines de gerbes de blé. Il a le choix entre deux modes de paiement : 1° 3 fr. par jour; 2° le quinzième du grain qu'il obtient par le battage. Quel est le mode le plus avantageux pour lui, et de combien par jour, sachant qu'il faut 40 gerbes pour obtenir 1 hectol. de grain pesant 78 kilogr,, et que le blé vaut 25 fr. le quintal?

(Certificat d'études primaires.)

817. — Une dame âgée charge un petit garçon complaisant d'aller acheter pour elle à la boucherie un morceau de veau de 3 liv. * 200 grammes, et elle lui remet une pièce de 5 fr. pour payer le boucher. Combien lui revient-il sur sa pièce, le veau coûtant 1^f,80 le kilogr. ? La dame tient aussi à savoir de combien de poids s'est servi le boucher, et desquels.

818. — Le blé pèse 750 grammes par litre et fournit 89 0/0 de farine et le reste de son. Quel poids de farine et quel poids de son retirera-t-on de 3 mètres cubes de blé?

(Certificat d'études primaires.)

819. — Une prairie artificielle dont la superficie est de 2^{ha},40 a donné en deux coupes 82 020 kilogr. de fourrage vert qui a produit pour 1 862^f,55 de foin sec. Sachant que le fourrage vert perd les 7/9 de son poids en passant à l'état de foin sec, et que la botte de foin pèse 5 kilogr., on demande le prix de 100 bottes et le nombre de bottes fournies par chaque hectare.

(Certificat d'études primaires.)

820. — Quel est le poids de 645 fr. en monnaie d'argent?

821. — Combien 5 milliards de fr. représentent-ils de pièces de 20 fr?

822. — Quel est le poids de 1000 fr. : 1° en or, 2° en argent, 3° en bronze?

823. — Quel est le montant d'un versement de 4 billets de 1000 fr., 5 de 100 fr., 4 pièces de 20 fr. et de 2 kilogr. de monnaie d'argent?

(Certificat d'études primaires.)

824. — Un pré de la contenance de 3^{ha},06 a été vendu en 3 lots. Le premier lot qui contenait 58^a,46 a été vendu 42 fr. l'are. Les 2 autres lots qui étaient égaux ont été vendus l'un 46 fr. et l'autre 47 fr. l'are. Combien le pré entier a-t-il été vendu? Aurait-il été plus avantageux de le vendre en un seul lot à 4 500 fr. l'hectare?

(Certificat d'études primaires.)

825. — Un propriétaire possède 45 moutons et un autre 36. Ils les font garder par un seul berger qu'ils nourrissent et à qui ils donnent 225 fr. de gages par an. La dépense de chaque propriétaire doit être en rapport avec l'importance de son troupeau. On demande combien de jours chacun d'eux devra nourrir le berger et quelle somme il lui donnera.

(Certificat d'études primaires.)

826. — Un enfant a ouvert la clef d'une barrique renfermant du cidre; 1/4 du liquide s'est écoulé. Il en reste 171 litres. On demande la contenance de la barrique et la perte causée par cette étourderie, en estimant le litre de cidre 0^f,15.

(Certificat d'études primaires.)

827. — On estime : 1° qu'avec 26 lit. 5 de lait on peut faire 1 kilogr. de beurre; 2° qu'une vache de race cotentine * peut fournir annuellement 145 kilogr. de beurre. On demande : 1° combien de litres de lait elle a dû fournir; 2° ce qu'elle a rapporté, en supposant que 100 kilogr. de beurre sont vendus 260 fr. D'un autre côté, le double litre de lait se vend à la ville 0^f,35. On demande lequel des deux modes d'exploitation semble préférable.

(Certificat d'études primaires.)

828. — Une propriété contenant 8^{ha},09 a été vendue à raison de 4 250 fr. l'hectare. L'acheteur doit payer en outre divers frais s'élevant à 66 fr. par 1000 fr. du prix total de vente.

Il désire connaître :

1° Le prix net * de l'hectare et du mètre carré du terrain qu'il a acquis;

2° Le prix annuel qu'il faut louer sa propriété pour retirer 3 1/2 p. 0/0 du capital déboursé?

(Certificat d'études primaires.

829. — La récolte d'un champ de blé de forme rectangulaire ayant 19 décam. de long sur 100 mètres de large a produit 3 186^{kg},7 de blé qu'on a vendus 45 fr. le double hectolitre pesant 156 kilogr.

On désire connaître :

1° Le rendement en hectol. par hectare.

2° Le prix total de la récolte.

3° Le prix du revenu de l'hectare.

(Certificat d'études primaires.)

830. — Un fabricant vend 3 pièces de drap ; la 1re contient 15^m,20, la 2e 12 mètres, et la 3e 15^m,36. Il vend la 1re à raison de 15^f,55 le mètre, la 2e à raison de 19^f,20, et la 3e à raison de 27 fr. Sur l'argent qu'il reçoit, il prête une somme inconnue à l'un de ses amis, il paye 18 ouvriers auxquels il devait 7 journées de travail à raison de 5^f,25, et il lui reste 81^f,80. Quelle somme a-t-il prêtée ?

(Certificat d'études primaires.)

831. — Un ouvrier dépense chaque jour pour 15 cent. 1/2 d'eau-de-vie et 12 cent. 1/4 de tabac. Au bout de 10 ans, il a fait le total de ses dépenses et se demande ce qu'il aurait pu acheter de pain à 0^f,45 le kilogr. avec l'argent ainsi dépensé.

(Certificat d'études primaires.)

832. — On a acheté 18 litres de lait. Pour savoir si la marchande y a mis de l'eau, on pèse ce liquide, et l'on trouve 18^{kg},450 pour le poids. Sachant qu'un litre de lait pur de la même provenance, tiré dans les mêmes conditions, pèse 1 kilogr. 3 décagr., dire quelle quantité d'eau renferment ces 18 litres.

(Certificat d'études primaires.)

833. — Un négociant échange 30 mètres de velours à 25 fr., 10 mètres à 30^f,75 et 11 mètres à 35^f,45 contre du vin à 1^f,55 le litre. Calculer, à un centil. près, la quantité de vin qu'il doit recevoir pour chaque espèce de velours, pour le tout, pour les deux premières qualités et pour les deux dernières.

834. — Écrire : 1° en myriam. ; 2° en kilom. ; 3° en décam. ; 4° en mètres ; 5° en centimètres le nombre qui représente la longueur du méridien ★ terrestre.

(Certificat d'études primaires.)

835. — Une ménagère a vendu 15 douzaines et 9 œufs à raison de 7 pour 8 sous ★ ; elle en a employé le prix à acheter une certaine quantité d'une étoffe qui coûte 0^f,30 le mètre : trouver combien elle a eu, en longueur, de mètres de cette étoffe. Trouver aussi combien la même étoffe couvrirait de mètres carrés, si elle a 0^m,578 de large.

836. — Le lin perd en remise 30 0/0 ; le lin roui ★ perd encore 28 0/0 au teillage ★ ; enfin le lin teillé perd en outre au peignage ★

18 0/0. Combien une récolte de 3 400 kilogr. de lin en paille donne-t-elle de lin peigné?

(Certificat d'études primaires.)

837. — Une pile de pièces de 20 fr., valant 1000 fr., a une épaisseur de 64 millimètres, et une pile de pièces de 5 fr., en argent valant 100 fr. a 54 millimètres de hauteur. Calculer, d'après cela : 1° l'épaisseur de chacune des pièces; 2° la hauteur d'une pile d'or valant 5 milliards; 3° la hauteur d'une pile d'argent de même valeur.

(Certificat d'études primaires.)

838. — On admet que le litre de blé pèse 750 grammes, et fournit 89 0/0 de farine et le reste de son. Quel poids de son et de farine retirera-t-on du blé renfermé dans un grenier plein, de $2^m,6$ de longueur, $1^m,4$ de largeur et $1^m,3$ de profondeur? Quel serait le prix de ce blé à $4^f,35$ le double décal. ?

839. — Combien valent $3^m 5/6$ d'étoffe au prix de $0^f,0067$ le centimètre?

(Certificat d'études primaires.)

840. — Un cultivateur a récolté du blé sur une étendue de 9 hectares 70. On suppose que chaque hectare produit 230 gerbes, qu'il faut 40 gerbes pour 2 hectol. de blé et 115 gerbes pour 550 kilogr. de paille. Quelle sera la valeur de la récolte à raison de $3^f,80$ le double décal. de blé et de $4^f,25$ le quintal de paille?

841. — Le territoire d'une commune est de 4 548 672 mètres carrés. Énoncer cette surface : 1° en ares; 2° en hectares; 3° en décam. carrés; 4° en hectom. carrés.

(Certicat d'études primaires.)

842. — Un marchand a acheté 6 pièces de vin de 228 litres chacune. Il a payé $547^f,30$ d'achat, 52 fr. de transport, $20^f,50$ de droits et 20 fr. de commission; il trouve $5^l,4$ de lie dans chaque pièce. Combien ce marchand doit-il vendre le litre de ce vin pour gagner 240 fr. sur le tout? Combien gagne-t-il ainsi pour 100?

843. — Un tonneau vide pèse 53 kilogr. 5, et, plein d'eau 268 kilogr. 15. Quelle est sa contenance? Si c'est du vin et que les 1 000 litres valent 750 fr., quelle sera la valeur du vin contenu dans ce tonneau?

(Certificat d'études primaires.)

844. — On sait que le papier se fabrique avec des chiffons. La rame de papier écolier comprend 20 mains; la main pèse en moyenne 170 grammes. Calculer, d'après cela, le nombre de quintaux de chiffons nécessaires à une usine qui fabrique annuellement 17 000 rames de papier écolier, en admettant que le déchet du chiffon soit de 15 0/0.

845. — Un pavé de 546 centimètres carrés mis en place coûte

40 cent. Le pavage d'une rue coûte 28 334',40. Quelle est la superficie de cette rue en mètres carrés, décim. carrés et centimètres carrés ?

(Certificat d'études primaires.)

846. — Combien vaut un coupon d'étoffe de 5/6 de mètre de longueur, le mètre coûtant 9',60 ?

847. — Une lampe brûle par heure 0^{kg},065 d'huile à 1',15 le kilogr. ; une autre lampe ne brûle que 0^{kg},05 par heure, mais elle exige de l'huile à 1',45 le kilogr. Quelle est celle des deux lampes qui présente le plus d'économie ? De combien sera l'économie pour l'année entière, si chaque lampe est allumée en moyenne pendant 6 heures par jour ?

848. — Diviser 645,3 par 0,027 et expliquer l'opération.

(Certificat d'études primaires.)

849. — On veut fumer une propriété en employant par hectare 10 mètres cubes de fumier coûtant 3',75 le mètre cube. Cette propriété est les 4/5 d'une autre dont la fumure coûterait 468',75. Combien de mètres cubes de fumier devra-t-on employer et quelle est la surface de cette propriété ?

850. — Quelles sont les pièces de monnaie française qui pèsent 1 gramme, 2 grammes, 5 grammes, 10 grammes, 25 grammes ?

(Certificat d'études primaires.)

851. — On admet que 100 kilogr. de foin nourrissent le bétail autant que 315 kilogr. de pommes de terre. En supposant que trois hectol. et demi de pommes de terre, pesant 80 kilogr. l'hectol., coûtent 6',30, et 100 kilogr. de foin 6 fr., y a-t-il avantage à acheter du foin ? Quelle est la perte, ou le gain, sur 1 080 kilogr. de foin ?

(Certificat d'études primaires.)

852. — Un cordonnier a vendu 43 paires de bottines pour 648 fr. Les frais de fabrication pour chaque paire ont été les suivants : semelles, 2',50 ; trépointes *, 0',90 ; empeignes *, 4',50 ; talons, 0',60 ; contreforts *, 0'40 ; fil, 0',20 ; clous, 0',40 ; main-d'œuvre *, 4 fr. D'après cela, calculer à un cent. près, pour chaque paire de bottines, le gain du cordonnier. Trouver aussi combien il devrait faire confectionner de paires de bottines par an pour gagner 301',44 sur ce genre de chaussures.

853. — Écrire le nombre 2 787 747 en mètres linéaires, mètres carrés, mètres cubes, ares et kilogr.

(Certificat d'études primaires.)

854. — La graine de navette donne les 0,26 de son poids d'huile et le colza d'hiver 30 0/0. Combien faut-il de kilogr. de navette pour produire le même poids d'huile que 542 kilogr. 600 de colza ?

855. — La monnaie d'or, à poids égal, vaut 15 fois 1/2 plus que la monnaie d'argent. Quel est le poids de la pièce de 5 fr. en or?

(Certificat d'études primaires.)

856. — Un mouton gras peut donner en viande 56 0/0 de son poids vivant et 8 0/0 en suif. On peut estimer la viande 1'60 le kilogr. et le suif 0',65 le demi-kilogr. Dans ces conditions, qu'a-t-on dù retirer d'un mouton dont la viande a produit 31',36?

857. — Quelle est la pièce d'argent qui pèse autant que la pièce de dix centimes?

(Certificat d'études primaires.)

858. — Une salle de classe rectangulaire a 9^m,78 de long, 5^m,36 de large et 3^m,45 de haut. On demande de combien il faudrait élever le plafond pour que chacun des 52 élèves qui y sont reçus eût, ainsi que l'instituteur, 4 mètres cubes d'air à respirer.

859. — Dire combien le myriam. carré, le kilom. carré, et l'hectom. carré valent ensemble d'ares. Expliquer comment on arrive au résultat.

(Certificat d'études primaires.)

860. — La pièce de vin de 228 litres pèse 264 kilogr, fût compris, et coûte 167',05 d'achat, 50 cent. par quintal de transport et 1',50 par hectol. d'entrée. A combien revient le litre?

861. — Pour paver une rue de 126 mètres de long et de 12 mètres de large on a employé 51 219 pavés de grès; combien en emploiera-t-on pour paver une rue de 184 mètres de long et de 15 mètres de large?

(Certificat d'études primaires.)

862. — Lorsqu'on fait moudre du blé, on laisse pour la mouture 1/20 du blé au meunier, ou l'on paie 1',40 par 100 kilogr. de blé. Le double décal., qui pèse 15 kilogr., se vend 4',50. Un propriétaire qui fait moudre 60 doubles décal. paie en blé. A-t-il gagné ou perdu? Et combien?

863. — Combien coûtent 0^m,86 de drap, si 5/8 de mètre ont été vendus 12',64?

(Certificat d'études primaires.)

864. — Un ouvrier dépense 72',50 par mois pour sa nourriture, 14 fr. par mois pour son entretien et 72 fr. par an pour frais imprévus. Dire combien il gagne annuellement, s'il a trouvé moyen de placer 108 fr. par semestre* à la caisse d'épargne, Dans combien de temps pourrait-il acheter, avec ses économies, une maison estimée 2 052 fr.?

865. — Comment multiplie-t-on un nombre décimal par 1000? Expliquer pourquoi.

(Certificat d'études primaires.)

866. — Le litre de lait pèse environ 0^{kg},938, et 100 kilogr. de lait produisent en moyenne 12 kilogr. 500 de fromage. D'après cela, combien a-t-il fallu de litres de lait pour faire 3 pains de fromage pesant, le 1ᵉʳ, 37 kilogr., le 2ᵉ, 32 kilogr., et le 3ᵉ, 31 kilogr?

867. — Prendre les 0,78 de 189, et raisonner l'opération.

(Certificat d'études primaires.)

868. — La distance de Paris à Lyon est de 512 kilom. L'express parti de Lyon à 11 heures du matin fait 60 kilom. par heure; un train omnibus, sorti de Paris à 1 heure du soir, se rendant à Lyon, fait 45 kilom. à l'heure. A quelle heure et à quelle distance de chaque ville la rencontre aura-t-elle lieu?

869. — Trouver le poids d'une pièce de 20 fr. en or.

(Certificat d'études primaires.)

870. — Un marchand achète 100 mètres d'étoffe pour la somme de 785ᶠ,90; il en revend 25 mètres à 9ᶠ,45, 13 mètres à 9ᶠ,25, 11 mètres à 8ᶠ,95 et 9 mètres à 8ᶠ,50. Il a eu pour 3ᶠ,95 de frais de transport. Combien vendra-t-il le mètre de ce qui lui reste s'il veut gagner 20 0/0 sur le tout?

871. — Une vigne de 4ᵃ,28ᶜᵃ coûte 300 fr. Que valent 34ᵃ,45ᶜᵃ? et que valent 1ʰᵃ,22ᵃ,86ᶜᵃ?

(Certificat d'études primaires.)

872. — La surface totale de l'Europe peut être évaluée à 10 000 000 de kilom. carrés. Combien de fois renferme-t-elle celle du département du Doubs, qui est de 522 895 hectares? En admettant que le décam. carré vaille 18ᶠ,75, combien vaudraient à ce prix le territoire total de ce département, puis les 5/9 de ce territoire?

873. — Diviser 749 857 par 0,986, et expliquer l'opération et le résultat comparé au dividende.

(Certificat d'études primaires.)

874. — Une personne place un quart de sa fortune à 3 0/0, les 2/5 à 4 0/0 et le reste à 5 0/0. Au bout de 6 mois elle retire, pour les intérêts réunis de ces trois parties, 660 fr.; on demande de déterminer le capital placé à chacun des taux indiqués et par suite le capital tout entier.

(Certificat d'études primaires.)

875. — Une pièce de terre de 6 hectares a coûté 3 200 fr. l'hectare. Dans une année, la récolte a été de 16 hectol. de froment par hectare, vendu au prix moyen de 22ᶠ,50 l'hectol. On demande à quel taux l'acquéreur a placé son argent, en achetant cette propriété, déduction faite des frais de culture qui se sont élevés à 1 580 fr.

(Certificat d'études primaires.)

876. — On emploie 139 mètres 1/2 d'une étoffe ayant 5/8 de mètre de largeur pour faire des habits d'uniforme aux 62 élèves d'un pensionnat. Deux ans après, l'uniforme ayant changé et le pensionnat ayant augmenté de 12 élèves, on demande combien il faudra de mètres d'une nouvelle étoffe dont la largeur est les 5/6 de la première ; ensuite ce qu'il faudra payer pour cette acquisition, en supposant que le prix du mètre soit de 6 fr. $\frac{3}{4}$, que le transport se paye 0^f,15 le kilogr., $\frac{306}{100}$ de mètre pesant juste 25 hectogr. ?

(Certificat d'études primaires.)

877. — On demande combien il faudrait de pièces de 5 fr. pour payer une pile de bois de 59 décim. de longueur et 4 mètres de hauteur, les bûches ayant 65 centimètres de longueur, si ce bois est vendu à raison de 3^f,80 le double décistère. Dire, en outre, les quantités d'argent pur et de cuivre contenues dans le nombre de pièces.

(Certificat d'études primaires.)

878. — Un ménage brûle dans un an 90 décistères de bois valant 15 fr. le stère. On pourrait obtenir la même quantité de chaleur avec 2 200 kilogr. de houille coûtant 42 fr. les 1 000 kilogr. Quelle serait l'économie annuelle résultant de l'emploi de ce dernier mode de chauffage, et combien faudrait-il de temps pour économiser le prix d'un appareil spécial coûtant 85 fr. ?

879. — Un champ a la forme d'un trapèze dont les bases parallèles ont, la plus grande 42^{dam},5, la plus petite 9^{dam}8, et la hauteur 150 mètres. Amendé avec de la marne, ce champ a produit 1^{hl},50 de plus par 50 ares. Le marnage coûte 0^f,50 par are, et le blé vaut 4^f,25 le double décal. On demande à quel taux le propriétaire a placé son argent en marnant son champ.

(Certificat d'études primaires.)

880. — Une propriété de 12^{ha},7 est payée 32^f,25 l'are ; elle donne un rapport brut* de 3 040 fr. dont les $\frac{2}{5}$ sont absorbés par les frais de culture. Quel est le rapport net* de la propriété et à combien s'élève le produit net 0/0 ?

(Certificat d'études primaires.)

881. — Un vigneron a vendu les $\frac{3}{7}$ et les $\frac{2}{5}$ de sa récolte et la vente du reste lui a rapporté 842^f,40. On demande : 1° combien il a récolté d'hectol. de vin ; 2° quelle somme il a reçue à raison de 46^f,80 l'hectol.

(Certificat d'études primaires.)

882. — Il faut 800 mètres de tuyaux pour drainer 1 hectare de terre. Calculer la dépense nécessaire pour drainer une pièce de terre de 3^{ha},15^a, en supposant que le mètre de tuyaux coûte

0ʳ,35, que chaque tuyau ait une longueur de 0ᵐ,25, et enfin que la pose soit de 5 fr. par centaine de tuyaux.

883. — Deux marchands de bœufs louent une prairie pour 650 fr. Le premier y met 150 bœufs pendant 180 jours, et les laisse sur la prairie pendant 10 heures par jour. Le deuxième y place 80 bœufs pendant 200 jours et 8 heures par jour. Quelle somme chaque marchand doit-il payer?

(Certificat d'études primaires.)

884. — Un champ a une surface de 2ʰᵃ,92ᵃ. On y pratique un chemin d'une longueur de 165 mètres et d'une largeur de 5ᵐ,86. A combien la superficie du champ se trouvera-t-elle réduite?

885. — Un commerçant a acheté 25 barriques de vin, contenant 228 litres chacune, pour la somme de 1 710 fr.; combien gagnera-t-il 0/0 s'il revend ce vin à raison de 45 cent. le litre?

(Certificat d'études primaires.)

886. — Une personne a placé une certaine somme à intérêt simple au taux de 3 0/0 pendant 8 ans 3 mois; avec cet intérêt elle a acheté un terrain de 27ᵃ,4ᶜᵃ à 0ʳ,32 le mètre carré. Quelle est cette somme?

887. — Un meunier vend 32 sacs de farine pesant chacun 157 kilogr. à raison de 42ʳ,50 les 100 kilogr.; quel est le produit de cette vente? Il garde sur ce produit la somme de 500 fr. et achète avec le reste un pré de 345 centiares. Combien l'are du pré a-t-il été payé?

888. — En moyenne 100 kilogr. de lait donnent 14 kilogr. de crème et une vache donne 13 kilogr. de lait par jour. Combien faut-il de vaches pour produire en 15 jours 672 kilogr. de crème?

(Certificat d'études primaires.)

889. — Quelqu'un a acheté 12ʰᵃ,9ᵃ de terrain, à raison de 125 fr. l'are. Peu de temps après il revend ce terrain avec un bénéfice de 0ʳ,25 par mètre carré. On demande quel a été le produit de cette vente, ainsi que le bénéfice total.

890. — Quelle économie aurait faite au bout de 20 ans un ouvrier qui ferait en moyenne une économie de 0ʳ,30 par jour, qu'il aurait soin de placer à la caisse d'épargne à la fin de chaque mois; et combien retirerait-il, en supposant que pendant ces 20 ans, son capital se fût doublé par les intérêts?

(Certificat d'études primaires.)

891. — Un champ a une superficie de 2 hectares 3/4. Dire la valeur de ce champ à raison de 18 cent. le mètre carré.

892. — Montrer que le kilogr. est un poids métrique.

(Certificat d'études primaires.)

893. — Un peigneur de laine achète 126 toisons, pesant en moyenne 1 525 grammes, à raison de 1ʳ,85 le kilogr. Combien a-t-il gagné en revendant la laine 3ᶠ,55 le kilogr. sachant qu'il fait, sur le prix de la vente, une remise de 3ᶠ,50 0/0, et qu'il donne 5 fr. par jour à l'ouvrier qui a employé 6 jours à ce travail?

894. — Multiplier 12 unités 3/4 par 2/3, et retrancher 3/4 du produit. Convertir ensuite le reste en nombre fractionnaire décimal. *(Certificat d'études primaires.)*

895. — Un hectol. de blé coûte 22ᶠ,80 et produit 75 kilogr. 75 décagr. de pain; on accorde au boulanger 27 0/0 pour fabrication et bénéfice. Combien vendra-t-il le pain de 5 kilogr.?

896. — Combien coûterait un tapis de 6ᵐ,85 de long sur 5 mètres de large à raison de 0ᶠ,15 le décim. carré?
(Certificat d'études primaires.)

897. — On voudrait carreler une salle de 8ᵐ,90 de long sur 5ᵐ,56 de large avec des briques ayant 374 centimètres carrés de surface. Calculer la dépense nécessaire, sachant : 1° que les briques coûtent 36ᶠ,40 le mille; 2° que l'on donne selon l'usage 4 briques en plus par 100; 3° que la pose vaut 1ᶠ,80 par mètre carré.

898. — On mélange 134 litres d'un vin à 0ᶠ,65 le litre avec 212 litres d'un vin à 0ᶠ,75 et 185 litres d'un vin à 0ᶠ,82. Combien doit-on vendre le litre de mélange si l'on veut gagner 18 0/0?

899. — Multiplier le dixième de 54,25 par le centième de 43,6 et multiplier le produit par 10 000.
(Certificat d'études primaires.)

900. — Un terrain rectangulaire long de 138ᵐ,6 et large de 28ᵐ,75 a été acheté à raison de 4 315 fr. l'hectare. Quel est le poids de la somme en or déboursée pour le payer?

901. — Quel est le poids de la somme d'argent que l'on reçoit en vendant 67 hectol. 4 décal. de blé à raison de 26 fr. l'hectol.?

902. — Les frais d'exploitation de l'hectare de terre cultivée en blé s'élèvent à 185 fr. D'autre part, le produit de l'hectare est de 17 hectol. de blé, et d'une quantité de paille estimée 24 fr. A quel prix faut-il que s'élève l'hectol. de blé pour que le cultivateur gagne 213 fr. par hectare?
(Certificat d'études primaires.)

903. — Le blé rend 0,73 de farine et 0,27 de son et recoupe*. Comme 1 kilogr. de farine produit 1ᵏᵍ,33 de pain, on demande combien il faut d'hectol. de blé de 78 kilogr. pour nourrir pendant les 6 premiers mois d'une année bissextile une personne qui mange 750 grammes de pain chaque jour.

904. — Un fil de fer de 78 mètres de long est employé à faire des pointes de 3ᶜᵐ25 de long, qui se vendent 5 cent. la douzaine. Pour quelle somme en fournira-t-il?

905. — A 0^f,95 le décistère de bois de chauffage, on demande quelle est la valeur d'un tas de ce bois ayant 14^m,60 de long, sur 1^m,15 de haut, si la longueur des bûches est de 1^m,30.

(Certificat d'études primaires.)

906. — Une commune veut amener l'eau d'une source située à une distance de 4 kilom. 400 mètres. Calculer la dépense qu'elle aura à faire, en admettant : 1° que la longueur des tuyaux soit de 2^m,50; 2° que chacun de ces tuyaux pèse 175 kilogr.; 3° qu'ils sont vendus sur le pied de 280 fr. la tonne; 4° enfin que le prix de la pose (y compris les joints en plomb, l'ajustage, la tranchée* le transport des tuyaux) est de 0^f,50 par mètre de longueur.

907. — Multiplier $7\frac{5}{6}$ par $\left(3\frac{1}{5}+6\frac{1}{2}\right)$.

(Certificat d'études primaires.)

908. — On a acheté un terrain rectangulaire de 127^m,50 de long et de 14^m,60 de large, à 3 510 fr. l'hectare. Les frais se sont élevés à 11 0/0. Quel est le poids de la somme que l'on a dû payer pour l'acquisition de ce terrain? On n'a payé en argent et en cuivre que l'appoint* nécessaire pour compléter la somme.

(Certificat d'études primaires.)

909. — Calculer le résultat de l'expression .

$$\frac{(18\ 1/2 - 5\ 2/3)\times 14}{0,025}$$

910. — Un fabricant d'amidon* achète à un cultivateur le blé produit par 3^{ha},45. On demande la quantité d'amidon que pourra donner le blé récolté, si 33 kilogr. de ce blé donnent 17 kilogr. 16 d'amidon, et si ce terrain produit par 20 000 mètres carrés 2 hectol. 856 de blé pesant 76 kilogr. l'hectol.

(Certificat d'études primaires.)

911. — On retire de 100 kilogr. de betteraves 6^{kg},5 de sucre et 2^{kg},4 de mélasse. Combien de sucre et de mélasse peut donner la récolte d'un terrain de 4^{ha},6^a qui produit 32 000 kilogr. de betteraves par hectare?

912. — Diviser 17,45 par 0,26 et multiplier par 100 le quotient poussé jusqu'aux dix-millièmes.

(Certificat d'études primaires.)

913. — Les 100 kilogr. de farine valent 40 fr.; on demande d'après cela combien un boulanger doit vendre le kilogr. de pain en admettant que le sac de farine de 157 kilogr. produise 204 kilogr. de pain, et que la rétribution du boulanger pour la fabrication de cette quantité soit de 14 fr.

914. — On admet que le café éprouve, quand on le brûle, un déchet* égal aux 23 centièmes de son poids. Combien faut-il, d'après cela, qu'un marchand vende le kilogr. de café brûlé, si le café vert ★ lui a coûté 266ᶠ,50 les 100 kilogr., et s'il veut gagner 0ᶠ,90 par kilogr.?

(Certificat d'études primaires.)

915. — Un champ rectangulaire est long de 46ᵐ,54 et large de 12ᵐ,43. Un autre champ a pour longueur les 2/3 de celle du premier et une largeur égale au quart de sa propre longueur. — Ces deux champs sont vendus au prix de 4 300 fr. l'hectare. Combien faut-il de pièces d'or de 20 fr. pour en payer la valeur et quel est le poids de cet or?

916. — Trouver la valeur de l'expression suivante :

$$\frac{(24 + 0,39 + 4,015 + 0,30\,709) \times 0,37}{10,431}$$

917. — Un négociant voudrait acheter pour 6 462ᶠ,72 de drap; mais comme il en a pris 72ᵐ,04 de plus, il a payé 7 057ᶠ,05. Combien avait-il acheté de mètres d'abord?

(Certificat d'études primaires.)

918. — Diviser 1 par 7,75 et prendre la moitié du quotient poussé jusqu'à moins d'un cent-millième.

919. — Une boîte a 1ᵐ,50 de haut, 0ᵐ,71 de large et 0ᵐ,80 de long, toutes ces dimensions étant prises à l'intérieur; on demande quelle sera la hauteur de la partie vide, quand on y aura versé le contenu de 5 sacs de blé dont chacun a une capacité de 1ʰˡ,12.

920. — La houille coûte 0ᶠ,03 de transport par tonne et par kilom. et 1ᶠ,45 de chargement. Combien devra-t-on payer pour 348 708 kilogr. chargés et transportés à 389ᵏᵐ,735ᵐ,1/2 ?

(Certificat d'études primaires.)

921. — Un marchand dépense 1 312ᶠ,50 pour l'achat de 15 pièces d'étoffe de 35 mètres chacune; il revend le tout en 18 jours à raison de 0ᶠ,70 les 25 centimètres, et donne aux pauvres la vingt-cinquième partie de son gain : quelle est en moyenne l'aumône de chaque jour?

922. — Avec 100ᵍ,25 de rhubarbe ★ on fait 125 paquets du même poids. On demande ce que vaut un paquet, si les 15 grammes de rhubarbe se vendent 1ᶠ,35. Quel est le volume d'eau dont le poids est égal au poids d'un paquet?

(Certificat d'études primaires.)

923. — Un champ de forme rectangulaire de 250 mètres de long sur 137 de large est cultivé, savoir : 2/3 en betteraves et le reste en colza. On sait : 1° qu'un mètre carré de terrain produit 8 betteraves du poids moyen de 1ᵏᵍ,025 chacune, vendues 19ᶠ,40 les 1 000 kilogr. ; 2° que la partie plantée de colza a fourni, par are, 56 litres de graine; que le poids de l'hectol. est de 90 kilogr. et qu'avec 4 kilogr. on fait 1 litre d'huile vendu 1ᶠ,10 ; 3° que le

tourteau * a produit en outre 210 fr. Dire, d'après ces données :
1° le produit brut * du champ; 2° le produit net, sachant que
les frais divers de culture, de récolte, d'impositions, etc., absorbent 25 0/0 du revenu; 3° quelle est la culture la plus productive,
betteraves ou colza.

924. — Un cultivateur loue un hectare de terre 90 fr., le laboure, le fume et y sème $2^m,50$ de blé coûtant $22^f,40$ l'hectol.;
les frais de main-d'œuvre et de fumure s'élèvent à $238^f,60$; il
récolte 19 hectol. de blé estimé $26^f,50$ l'hectol., et 3 900 kilogr. de
paille valant $2^f,75$ le quintal métrique. On demande quel est le
bénéfice net du cultivateur.

(Certificat d'études primaires.)

925. — Un cultivateur a ensemencé en blé 18 hectares 7 ares
45 centiares; outre les divers frais de culture, qui se sont élevés
à $975^f,65$, il a employé pour activer la croissance de sa récolte
4 800 kilogr. de guano * à $32^f,25$ les 100 kilogr. Quel sera le
bénéfice, s'il récolte 35 hectol. à l'hectare et s'il vend son blé
$23^f,50$ l'hectol.?

926. — Un entrepreneur a acheté du bois de chêne provenant
de démolitions, au prix de $8^f,50$ le mètre cube. Il le fait débiter
et ranger en 4 piles ayant chacune $2^m,75$ de longueur, $1^m,25$ de
largeur et $1^m,15$ de hauteur. Deux acheteurs se présentent : l'un
prend le bois à $1^f,80$ le quintal métrique, l'autre le prend à
$15^f,50$ le stère. Quel est le prix le plus avantageux, et quel sera
le bénéfice de l'entrepreneur, s'il traite avec celui qui offre le
prix le plus élevé? On sait que le poids du bois de chêne est
les 0,870 du poids d'un même volume d'eau.

927. — Que doit-on payer pour expédier à 168 kilom. une caisse
d'une contenance de 675 décim. cubes, pesant vide 12 kilogr. 1/2,
et remplie d'objets occupant chacun 54 centimètres cubes? La
centaine de ces objets pèse 2 kilogr. 1/2, et l'on paie $0^f,40$ par
myriamètre et par quintal.   (Certificat d'études primaires.)

928. — On doit soutirer, dans des barils d'une contenance
de 25 litres, un fût qui contient $16^m,5$, et qui a coûté 700 fr.
1° Combien emploiera-t-on de barils? 2° Quel sera le prix de
chacun d'eux? 3° Combien faudrait-il vendre un baril pour
gagner $0^f,08$ par litre?

929. — Un épicier qui achète et vend au comptant a acheté
au commencement de l'année pour $461^f,30$ de sucre à raison de
$1^f,34$ le kilogr. Il le revend $1^f,40$ le kilogr. Cinq fois dans l'année,
il a renouvelé sa provision de sucre. On demande : 1° combien
il a gagné au total sur la vente de cette marchandise; 2° combien
0/0 lui rapportent annuellement les fonds qu'il met dans son
commerce pour entretenir sa provision de sucre.

930. — Une citerne a 1 mètre de long, $0^m,90$ de large et $0^m,84$

de profondeur. Elle est pleine jusqu'à 1 décim. du bord. Combien contient-elle de seaux de 1 décal. ?

(Certificat d'études primaires.)

931. — Un sac contient des poids égaux de monnaie d'argent et de monnaie de bronze. La valeur totale de ces pièces d'argent et de bronze est de 9^f,45. Quel est le poids et quelle est la valeur de chaque espèce de monnaie prise à part?

932. — On veut entourer un pré de 148 mètres de long et de 125 mètres de large avec une haie d'aubépine. Les plants sont à 0^m,18 l'un de l'autre; on les paie 4^f,75 le mille, et on donne à l'ouvrier 0^f,35 par décam. A combien s'élève la dépense?

(Certificat d'études primaires.)

933. — Un propriétaire fait assurer sa maison estimée 17 600 fr. à raison de 0^f,30 0/00, et son mobilier estimé à 3 800 fr. à raison de 0^f,60 0/00. Que devra-t-il payer pour sa prime d'assurances?

934. — Un bassin a 2 mètres de haut, 5 mètres de long et 3 mètres de large. Combien y a-t-il de décim. cubes dans la centième partie de son volume total?

935. — Un fermier arrive au marché avec 12 sacs de blé contenant chacun 140 litres, 25 sacs d'avoine de chacun 120 litres et 18 sacs d'orge de 6 doubles décal. chacun. Il vend le tout au prix moyen de 12^f,50 l'hectol. On demande : 1° combien ce fermier avait en tout d'hectol. de grains; 2° combien il a reçu d'argent; 3° quel était le poids total de son chargement, si le poids moyen d'un sac était de 110^{k}g,50.

(Certificat d'études primaires.)

936. — Un marchand achète 221 sacs de farine de première marque* au prix total de 22 657^f,14; il les revend à raison de 67^f,80 le quintal. Que gagne-t-il en tout, et que gagne-t-il 0/0 sur le prix d'achat, sachant que le droit de commission alloué aux facteurs* à la vente en gros des farines est de 0^f,80 par quintal, et que chaque sac pèse 157 kilogr. ?

937. — Un écolier qui fait partie de la société de protection des oiseaux a surveillé avec succès 12 nids contenant, savoir : 3 nids chacun 2 oiseaux; 4 nids chacun 3 oiseaux; le reste 4 oiseaux par nid. On estime que chacun de ces petits oiseaux détruira des insectes qui porteraient à l'agriculture un préjudice de 0^f,35 par an. Quels seraient donc pour l'agriculture du Pas-de-Calais les avantages qui résulteraient d'une semblable protection exercée dans une année par 1000 écoliers dans les mêmes conditions?   (Certificat d'études primaires.)

938. — Un orage détruit les 3/10 de la récolte d'un agriculteur qui a ensemencé en blé 45 hectares de terre. Combien l'agriculteur perd-il, si l'are produit habituellement 3^{dal},4 et si le blé vaut 21^f,00 l'hectol. ?

939. — Combien de litres de haricots contient un sac cylindrique ayant $0^m,30$ de diamètre et $0^m,70$ de longueur?

940. — Une somme placée à $3^r,25$ 0/0 produit annuellement $1\,562^r,50$; quelle est-elle?

941. — En observant que 5 est le vingtième de 100, comment trouve-t-on rapidement l'intérêt annuel d'une somme de 8 025 fr. placée à 5 0/0?

(Certificat d'études primaires.)

942. — Quelle somme recevra une personne qui entreprend de construire un chemin long de $4^{km},08$ et large de 6 mètres, si elle est payée à raison de $1^r,25$ le mètre linéaire pour les travaux d'établissement, de $0^r,75$ le mètre superficiel pour le nivellement, et si les cailloux destinés à l'empierrement lui sont payés $3^r,40$ le mètre cube, étant donné qu'il faut 1 mètre cube de cailloux pour une longueur de $2^m,50$?

943. — Une femme porte au marché 7 douzaines 1/2 d'œufs qu'elle compte vendre à raison de $0^r,12$ la pièce. En route un accident lui en fait casser 8. On demande : 1° quel prix total elle espérait retirer de la vente de ses œufs; 2° quelle perte lui fait éprouver l'accident; 3° à quel chiffre elle doit élever le prix des œufs qui lui restent pour approcher le plus possible du prix total qu'elle comptait retirer de la vente de ses 7 douzaines 1/2 d'œufs à $0^r,12$.

(Certificat d'études primaires.)

944. — Combien de grammes de poivre, pour 10 cent., doit donner un épicier qui paie le 1/2 kilogr. $1^r,40$ et qui veut faire un bénéfice de $0^r,15$ par fr. ?

945. — A combien revient un bloc de pierre de forme cubique de $0^m,84$ de côté si la pierre vaut $7^r,50$ le mètre cube et la taille $1^r,15$ le mètre carré?

946. — Comment multiplie-t-on mentalement un nombre par 5, par 9, par 20?

(Certificat d'études primaires.)

947. — Une pile de bois à brûler longue de $8^m,50$, large de $8^m,25$ et haute $1^m,4$ est vendue à raison de 108 fr. le décastère. L'acheteur paie comptant et reçoit une remise de $2^r,25$ 0/0. Combien doit-il débourser?

948. — La place publique d'une ville a une superficie de $17^a,27$; on veut la paver en pierres bleues de Belgique à raison de 16 pavés par mètre carré et au prix de $6^r,50$ le mètre carré (fourniture et main-d'œuvre). Combien y aura-t-il de pavés employés et quelle sera la dépense totale?

(Certificat d'études primaires.)

949. — Que paiera un voyageur, qui porte avec lui 145 kilogr. de marchandises, pour aller de Saint-Omer à Boulogne par le chemin de fer du Nord, sachant que la distance qui sépare ces deux villes est de 65 kilom., et qu'il paie 4^f,40 pour sa place en troisième classe, qu'il a droit au parcours gratuit de 30 kilogr. de bagages et que le prix de transport de l'excédent est calculé à raison de 0^f,40 par tonne et par kilom.?

950. — Une barre de fer a 4^m,95 de longueur, 6 centimètres 1/2 de largeur et 13 millim. d'épaisseur. On désire en connaître le volume, le poids, ainsi que le prix à raison de 31^f,75 le quintal. On sait que le décim. cube de fer pèse 7^{kg},81.

951. — Comment divise-t-on mentalement un nombre par 5? par 15? Prendre pour exemples 423 : 5 et 6 090 : 15.

952. — Comparez l'hectare au kilom. carré et dites comment on évalue en hectares la surface d'un pays donnée en kilom. carrés. Exemple : la France a 528 000 kilom. carrés et le Pas-de-Calais 6 605 kilom. carrés.

(Certificat d'études primaires.)

953. — Un corps pèse 1^{kg},367. Plongé dans un décim. cube renfermant de l'eau à une hauteur de 4^{cm},5, il fait monter celle-ci à une hauteur de 6^{cm},25. On demande d'après cela quel serait le poids de ce corps si son volume était d'un décim. cube.

954. — La population d'une commune est de 1 238 habitants. En admettant que chacun d'eux consomme 0^{kg},58 de pain par jour, on demande : 1° d'exprimer en hectol. de blé, puis en kilogr. de farine, la consommation journalière de cette commune ; 2° de dire à combien s'élève la dépense d'un jour, sachant qu'un hectol. de blé coûte 20 fr., qu'il donne 65 kilogr. de farine et que 36 kilogr. de farine fournissent 49 kilogr. de pain.

955. — Un marchand de bois estime qu'un taillis pourra donner par are 1 stère 9 de bois à 7^f,50 le stère et 13 fagots à 28 fr. le cent ; ce taillis, ayant la forme d'un rectangle, mesure 123^m,50 de longueur et 78^m,35 de largeur. On demande quel sera son rendement* en stères de bois et en fagots, et quelle sera la valeur de ce rendement.

(Certificat d'études primaires.)

956. — Un champ de 1 hectare 2/3 a été semé en luzerne. Les frais de culture de la première année s'élèvent à 389^f,75 et à 167^f,85 pour chacune des 9 années suivantes. Cette luzernière, dont la durée a été de 10 ans, a donné annuellement 4 coupes produisant en moyenne 48 quintaux métriques de foin, que l'on a toujours vendus 2^f,65 les 50 kilogr. On demande : 1° le revenu net de 1 hectare pour une année ; 2° le taux de l'intérêt produit par cette terre, qui représente une valeur vénale* de 0^f,65 le mètre carré et pour laquelle on paye 13^f,87 de contributions.

(Certificat d'études primaires.)

957. — On veut acheter une égale quantité de café et de

sucre pour 1 202^f,80. Le sucre vaut 1^f,80 le kilogr. et le café
3^f,05. Combien aura-t-on de l'un et de l'autre?

958. — Quelle est la somme qui, augmentée de ses intérêts
pendant 3 mois, devient 12 757^f,50 au taux de 5 0/0?

(Certificat d'études primaires.)

959. — Quatre hommes battent du blé au fléau * ; chacun d'eux
bat 70 gerbes par jour et chaque gerbe produit en moyenne
3 litres de grains. La journée de chaque batteur se paie 2^f,25 et
la quantité de blé obtenue est de 178 hectol. 1/2. On demande :
1° le nombre de jours employés au battage; 2° le nombre des
gerbes; 3° le salaire des batteurs; 4° le prix du battage de l'hectol.

960. — Un marchand de nouveautés vend 17^f,55 le mètre
d'un drap qu'il a payé 150 fr. les 10 mètres, il fait ainsi un bénéfice total de 192^f,78. Combien a-t-il vendu de mètres et que
gagne-t-il sur 100 fr.?

961. — On veut paver une cour de 30 mètres de long sur
16 mètres de large avec des dalles ayant chacune 0^m,90 de long
sur 0^m,45 de large. Le prix de chaque dalle prise à la carrière
est de 0^f,45; la main-d'œuvre * est de 0^f,75 par mètre carré.
Trouver la dépense totale du pavage de la cour.

962. — Un nombre vaut les 4/9 d'un autre; trouver les deux
nombres, sachant que leur différence est 8.

(Certificat d'études primaires.)

963. — Un fermier qui récolte annuellement une moyenne
de 8 400 gerbes de blé veut construire, pour loger son grain, un
grenier de forme rectangulaire de 6 mètres de largeur. La hauteur de la couche de blé doit être de 0^m,80. Quelle devra être la
longueur de ce grenier, si le rendement moyen de chaque gerbe
est de 4 litres 1/2 de blé?

964. — Un propriétaire veut remplacer par des fils de fer les
échalas qui garnissent sa vigne. Il y a 19 rangées de ceps * de
156 mètres chacune. Il désire mettre par rangée 2 lignes de fil
de fer pesant 0^{kg},111 le mètre linéaire, et valant 0^f,65 le kilogr. ;
puis aux extrémités de chaque rangée un fort poteau de 3^f,50; .
enfin un gros pieu de 3 mètres en 3 mètres coûtant 0^f,15. Il
doit compter par rangée 1 journée 1/2 d'ouvrier à 4^f,50. Quel
sera le total de la dépense?

965. — Quel est le poids de 13 litres 4 décilitres et 5 centilitres d'huile d'olives, sachant que 91 litres d'eau pèsent autant
que 100 litres de cette huile?

(Certificat d'études primaires.)

966. — Un tronc de chêne équarri a coûté 52^f,20 et a fourni
32 planches de 1^m,75 de long. On demande le prix moyen du
mètre de planches, sachant que le sciage a employé 2 ouvriers
pendant 2 jours, et que chacun d'eux a reçu 4^f,75 par jour.

967. — Une personne achète pour la somme de 1 950 fr. un
pré qu'elle loue à raison de 120 fr. par an. Les contribu-

tions sont de 11',75; quel est le revenu net 0/0 du capital?

(Certificat d'études primaires.)

968. — Un marchand de grains a vendu 9 000',50 du blé qu'il avait acheté 8 045 fr. Combien avait-il d'hectol., sachant qu'il a gagné 3',25 par 100 kilogr. et que l'hectol. de ce blé pesait 75 kilogr.?

969. — On demande le poids de l'argent qu'il faut allier à 197 grammes de cuivre pour avoir un alliage propre à faire des pièces de 5 fr. Déterminer le nombre de ces pièces.

970. — Dans l'exploitation d'une mine de charbon de terre on a payé 596 238 fr. pour le salaire de 437 ouvriers qui ont travaillé pendant 298 jours. Quel est en centimes le prix d'une journée d'ouvriers? Quelle somme a dû recevoir pour 20 journées un ouvrier travaillant avec sa femme et ses 4 fils, la journée de la femme étant comptée pour 2/3 de journée et celle de chacun de ses fils pour 5/6?

(Certificat d'études primaires.)

971. — Un marchand a acheté au prix de 30 000 fr. une coupe de bois qu'il a fait exploiter. Il a gagné 5097',50 net en vendant son bois 10',50 le stère. La main-d'œuvre lui a coûté 1',75 par stère. On veut savoir combien de stères la coupe a produits?

(Certificat d'études primaires.)

972. — Quelle est la règle à suivre lorsqu'on a à faire la division d'un nombre entier par un nombre décimal? Exemple : Divisez 3 407 par 6.045.

973. — Dans un fût pesant 20 kilogr. 3/11 on verse du vin dont le poids est 12 fois celui du fût. Dites, en grammes et en kilogr., le poids total de la pièce.

974. — Quelle opération doit-on faire sur la fraction 4/5 pour en prendre les 2/3?

975. - Mesures de volume. Rapport des cubes entre eux.

(Certificat d'études primaires.)

976. — Expliquer de quelle manière la fraction 3/8 peut être rendue deux fois plus forte.

977. — Diviser 0,0435 par 25 et expliquer l'opération.

978. — On donne 22',80 en payement de 2 mètres 3/8 de drap. Quel est le prix du mètre?

(Certificat d'études primaires.)

979. — Expliquer comment on transforme une fraction ordinaire en fraction décimale. Prendre pour exemple la fraction 3/4.

980. — Quel est, à raison de 15 fr. le mètre cube, le prix de revient d'un mur de 35^m,50 de longueur sur 0^m,45 d'épaisseur et 2^m,40 de hauteur?

981. — Quelle est la fraction à laquelle il faut ajouter 2/7 pour obtenir 31/35? Démonstration.

982. — Définir l'unité de poids. — Démontrer que la tonne métrique est le poids d'un mètre cube d'eau.

(Certificat d'études primaires.)

983 — Multiplier 46 000 par 3 500; expliquer l'opération.

984. — Énoncer et écrire le nombre 6 hectares 4 ares 5 centiares en prenant successivement pour unité le mètre carré, le décam. carré, l'hectom. carré.

985. — On peut rendre la fraction 6/7 deux fois plus petite par deux opérations différentes. Quelle est celle de ces deux opérations qu'il faut appliquer de préférence?

986. — Comment fait-on la preuve de la multiplication par 9? Opérer sur l'exemple 366×63.

987. — Quel est le titre de l'alliage obtenu en fondant ensemble une pièce de 5 fr. et une pièce de 2 fr.?

(Certificat d'études primaires.)

988. — Réduire au même dénominateur les fractions 3/4 et 5/9. Expliquer l'opération.

989. — Multiplier $\frac{3}{4}$ par $\frac{7}{8}$ et expliquer l'opération.

990. — Énumérer les mesures agraires et expliquer le rapport de chacune d'elles avec le mètre carré.

991 — Diviser $\frac{3}{4}$ par $\frac{1}{3}$ et expliquer l'opération.

992. — Expliquer comment on transforme une fraction ordinaire en fraction décimale et une fraction décimale en fraction ordinaire.

(Certificat d'études primaires.)

993. — Soustraire $2\frac{5}{6}$ de $3\frac{3}{4}$ et expliquer l'opération.

994. — On sait le titre des pièces de 5 fr. en argent et celui des pièces de 1 fr. Combien peut-on faire de pièces de 1 fr. avec 1000 fr. de pièces de 5 fr.?

995 — Expliquer comment on forme la table de Pythagore.

996. — Diviser 432 914,75 par 986,06; expliquer l'opération.

(Certificat d'études primaires.)

997. — Établir la différence qu'il y a entre le décim. carré et le dixième du mètre carré.

998. — Quels sont les sous-multiples ou diviseurs du nombre 90? Comment arrive-t-on à les connaître?

999. — On fait avec le métal appelé platine des fils d'une telle finesse qu'il en faut une longueur de 200 mètres pour peser un centigr. D'après cela, combien de grammes de platine faudrait-il pour un fil équivalant en longueur au tour de la terre?

1000. — Mesures de capacité. Leurs rapports avec le mètre cube.

(Certificat d'études primaires.)

FIN

LEXIQUE

DES MOTS MARQUÉS D'UN ASTÉRISQUE.

Action, part d'un capital consacré à une entreprise et qui donne proportionnellement droit aux bénéfices. — *Action au porteur*, action qui peut se transmettre à une autre personne sans aucune formalité : *action nominative*, qui porte le nom du possesseur et ne peut se transmettre que par un transfert ou transcription sur les registres de la société. (Voir 2ᵉ *Année d'Arith.*, p. 226.)

Adjudication, vente aux enchères, ou travaux publics donnés au rabais.

Agent de change, agent chargé d'opérer les achats et les ventes à la Bourse *.

Affermer, louer moyennant un prix annuel qui prend le nom de fermage.

Alcool, liquide extrait par la distillation du vin, du cidre, de la betterave, de la pomme de terre, du blé, etc.

Amender, rendre meilleur.

Amérique, une des cinq parties du monde, découverte par Christophe Colomb en 1492.

Amidon, substance blanche extraite de la farine, et qu'on délaye dans l'eau pour empeser le linge, c'est-à-dire le rendre plus ferme. Extrait de la pomme de terre, l'amidon prend le nom de fécule *.

Apothème, perpendiculaire menée du centre d'un polygone régulier sur un des côtés, ou du sommet d'une pyramide régulière sur l'un de ses côtés.

Appentis, toit qui n'a qu'un côté, étant appuyé contre un mur.

Appoint, somme en menue monnaie pour parfaire un payement.

Arpent, ancienne mesure de superficie qui variait selon les pays. Les deux plus usités étaient : 1º l'arpent de Paris, de 100 perches *, de 18 pieds carrés, ou 34 ares 19 centiares ; 2º l'arpent des eaux et forêts, de 100 perches de 22 pieds, soit 51 ares 7 centiares. (Voir 2ᵉ *Année d'Arith.*, p. 189.)

Artificielles (prairies), fourrages divers, trèfle, luzerne, sainfoin, etc., appelées ainsi par opposition aux *prairies naturelles*, dont l'herbe pousse naturellement.

Assortir des marchandises, en faire un assortiment, c'est-à-dire en fournir de différentes formes, de différentes couleurs, de différents prix, etc.

Astronome, celui qui s'occupe de l'étude des astres.

Atelier, lieu où sont réunis pour travailler des ouvriers ou des artistes sous la direction d'un patron ou d'un contre-maître.

Auge, vase en bois ou en pierre, où mangent et boivent les bestiaux ; vase dans lequel on délaye le plâtre.

Aune, ancienne mesure de longueur, équivalant à 1 mètre 20.

Azote, gaz qui avec l'oxygène constitue l'air atmosphérique ; il est irrespirable, et par conséquent mortel, quand il est seul ; mais il joue un grand rôle dans la végétation ; les engrais ont d'autant plus de force qu'ils contiennent plus d'azote produit par les matières en décomposition.

Baie, ouverture pratiquée dans un mur pour placer une porte ou une fenêtre.

Bail, contrat pour location d'un immeuble *.

Balle, gros paquet de marchandises.

Banquier, celui qui tient une banque, c'est-à-dire qui fait le trafic de l'argent et des valeurs commerciales.

Baquet, vase en bois ordinairement en forme de tronc de cône.

Baromètre, instrument destiné à mesurer la pression de l'air atmosphérique, et par suite à annoncer, quelques heures d'avance, la pluie et le beau temps.

Batavia, capitale de l'île de Java (Océanie) appartenant aux Hollandais.

Battant, chaque côté d'une porte qui s'ouvre en deux.

Bêcher, retourner la terre avec une bêche.

Berlin, capitale de la Prusse et de l'empire d'Allemagne.

Bidon, vase en métal pour mettre de l'huile ; bouteille en fer-blanc pour les soldats.

Bière, boisson fermentée, faite avec de l'orge et du houblon.

Billet, effet de commerce fait par un acheteur, et qui sera payable par lui à une époque désignée.

Biner, remuer la surface de la terre pour l'ameublir et faire périr les mauvaises herbes.

Bis (gros), dernière qualité de son.

Bissextile (année), année de 366 jours, dans laquelle le mois de février a 29 jours. Sont bissextiles toutes les années dont le millésime est divisible par 4, excepté les années séculaires, dont le millésime, après la suppression de deux zéros, n'est plus divisible par 4, comme 1700, 1800, 1900.

Blayais, pays dont la ville principale est Blaye, dans le département de la Gironde, qui possède des vignobles renommés.

Bouge, ouverture ronde faite à la partie la plus large d'un fût, et que l'on ferme au moyen d'un bouchon appelé *bonde*.

Bourrée, fagot de menu bois.

Bourse, établissement public, sorte de marché où se négocient les valeurs commerciales ; c'est là que s'établit le cours des rentes, actions, obligations, etc.

Brasseur, celui qui fabrique la bière ; nommé ainsi parce que autrefois *on brassait*, c'est-à-dire on remuait à force de bras le mélange d'orge et d'eau destiné à la fabrication de la bière.

Brest, chef-lieu d'arrondissement du

département du Finistère ; un des cinq grands ports militaires de France.

Brie, contrée située sur les confins des trois départements de l'Oise, Seine-et-Oise et Seine-et-Marne, célèbre par son abondante culture de céréales ; fromages renommés.

Brocanteur, acheteur et revendeur de toutes sortes d'objets d'occasion.

Bronze, alliage composé principalement de cuivre et d'étain.

Brut, par opposition à *net*, se dit du poids d'un objet avec son enveloppe, ou d'un bénéfice dont on n'a pas déduit certains frais.

Butter, amasser la terre en butte autour des légumes pour entretenir la fraîcheur.

Cacao, fruit du cacaotier ou cacaoyer, arbre d'Amérique ; c'est avec le cacao qu'on fait le chocolat.

Cadastre, plan d'une commune, divisé comme le terrain lui-même. Un registre, nommé matrice cadastrale, contient la désignation de toutes les parcelles et tous les renseignements sur leur contenance, leur nature et leur valeur, d'après lesquels est établi l'impôt foncier *.

Café vert, café tel qu'on le récolte.

Caisse d'épargne, établissement destiné à recevoir les économies des petits commerçants, employés et ouvriers, depuis 1 fr. jusqu'à 1 500 fr., moyennant un intérêt annuel de 2 fr. 50 à 2 fr. 75 p. 100. On remet à chaque déposant un livret ' sur lequel sont inscrites les sommes déposées, ainsi que les intérêts qu'elles produisent. — Les *Caisses d'épargne scolaires* ont pour but de permettre aux jeunes élèves des écoles d'économiser sur le peu d'argent qu'on leur donne. On accepte même 0 fr. 05. Lorsque les petites sommes totalisées forment 1 fr., l'instituteur les place au nom de l'élève à la grande caisse d'épargne.

Caisse des écoles, institution créée par la loi du 10 avril 1867. Sur la proposition du Conseil municipal, il peut être fondé, dans chaque commune, une caisse destinée à encourager et faciliter la fréquentation de l'école par des récompenses aux élèves assidus et par des secours aux élèves indigents. Les ressources de la caisse se composent de cotisations volontaires et de souscriptions de la commune, du département ou de l'État.

Calendrier, tableau des jours de l'année. Il y a eu et il y a encore plusieurs sortes de calendriers : 1° le calendrier *Julien*, établi à Rome par Jules César, divisa, comme aujourd'hui, l'année de 365 jours en 12 mois, et comme on croyait alors que le soleil revenait au même point du ciel au bout de 365 jours et 6 h., un jour fut ajouté tous les 4 ans : de là l'origine de l'année bissextile *. 2° Le calendrier *Grégorien*, usité aujourd'hui dans la plus grande partie de l'Europe, établi par le pape Grégoire XIII en 1582. L'année bissextile fut conservée, mais comme l'année scolaire n'est pas tout à fait de 365 jours et 6 h., on dut d'abord corriger l'erreur de 10 jours qui s'était produite depuis le concile de Nicée, en 325, en décidant que le lendemain du 4 octobre 1582 serait le 15, et ensuite éviter le retour d'une pareille erreur en supprimant 3 années bissextiles sur

quatre. Les Grecs et les Russes, qui n'ont pas accepté cette réforme, sont aujourd'hui en retard de 12 jours sur notre calendrier ; ainsi la date du 6/18 août exprime qu'à Saint-Pétersbourg on est le 6, quand on est à Paris le 18 août. 3° Le calendrier des *Turcs* ou *Musulmans*, réglé sur le cours de la lune, dont l'année a 12 mois égaux de 30 jours chacun : la première année de leur ère commence en 622. 4° Le calendrier *Républicain*, établi par la Convention en 1792, qui faisait commencer au 22 septembre l'année composée de 12 mois de 30 jours, auxquels on ajoutait 5 ou 6 jours *complémentaires*, suivant que l'année était bissextile ou non. (Voir *probl.* n° 495.)

Capitaliste, celui qui a des capitaux, c'est-à-dire des sommes à placer à intérêt.

Cep, pied de vigne.

Céréale, du nom de Cérès, déesse des moissons, se dit des plantes et des graines propres à la fabrication du pain (blé, seigle, orge, maïs, etc.).

Champ (briques de), briques posées sur le côté de l'épaisseur.

Chandernagor, une de nos colonies dans l'Inde.

Change de monnaies, action d'échanger de la monnaie du pays contre de la monnaie étrangère et réciproquement, de l'or pour des billets de banque, de l'or pour de l'argent, etc., moyennant une commission prélevée par le changeur. — *Lettre de change*. Effet de commerce par lequel un commerçant donne l'ordre à un second commerçant qui est son débiteur de payer à une troisième personne la somme qui lui est due. (Voir 2° *Année d'Arith.*, page 282.)

Chantier, endroit où travaillent certains ouvriers tels que les charpentiers, les tailleurs de pierres, etc. ; lieu où l'on construit les vaisseaux.

Châssis, assemblage en bois dans lequel se placent les vitres d'une fenêtre.

Chaulage, action de répandre de la chaux sur la terre, sur les arbres, ou sur les grains destinés à la semence.

Chaussée, partie empierrée d'un chemin.

Cherbourg, sous-préfecture de la Manche, un de nos cinq grands ports militaires.

Cheval-vapeur, force nécessaire pour élever 75 kilogrammes à 1 mètre de hauteur en 1 seconde.

Chevrons, pièces de bois destinées à soutenir la couverture d'un toit.

Chômage, temps pendant lequel on ne travaille pas.

Citadelle, forteresse dominant une ville.

Citerne, réservoir destiné à recevoir les eaux pluviales.

Cloison, muraille légère en briques ou en planches pour séparer les diverses pièces d'un appartement.

Cochère (porte), assez grande pour laisser passer une voiture.

Coléoptère, insecte dont deux ailes servent d'étuis pour protéger d'autres ailes très légères.

Colza, plante dont la graine sert à faire de l'huile.

Commissaire-priseur, officier

public, qui met à prix et adjuge les objets dans les ventes aux enchères.

Commissionnaire en marchandises, celui qui achète ou vend pour un autre, moyennant une remise de tant 0/0.

Confection, action de faire un travail, se dit particulièrement des vêtements.

Constantinople, capitale de la Turquie, sur le détroit du même nom.

Contrefort, morceau de cuir dur que l'on met à l'intérieur au talon d'une chaussure pour le maintenir ferme.

Contributions, ce que chacun doit payer annuellement, en raison de sa fortune ou de son commerce.

Cote personnelle, taxe due par tout individu, chef de ménage.

Cotentine (race), race de bestiaux provenant de la presqu'île de Cotentin.

Coupon, morceau d'étoffe, restant d'une pièce; — petites bandes de papier que l'on détache des titres négociables à la bourse, et en échange desquels on reçoit les intérêts échus.

Cours, valeur des titres divers à la Bourse, variable d'un jour à l'autre; c'est ce qui fait la hausse ou la baisse.

Courtier de commerce, celui qui moyennant une prime se charge de la vente et de l'achat des marchandises pour le compte des commerçants.

Créancier, celui à qui il est dû de l'argent.

Crépir, enduire légèrement un mur de chaux ou de plâtre.

Cuba, la plus grande île des Antilles, capitale La Havane.

Cueillie, enduit en plâtre, destiné à soutenir la rangée de tuiles inférieure d'un toit.

Dalle, tablette peu épaisse de pierre dure ou de marbre.

Déblai, terre enlevée ou à enlever dans un terrassement.

Déchet, perte de matière qui a lieu pendant la fabrication.

Décime, dixième partie d'un droit ou d'un impôt qui vient s'ajouter en sus.

Décupler, rendre dix fois plus grand.

Degré, une des 360 divisions de la circonférence, se divise en 60 minutes, divisées également en 60 secondes. — *Degré de latitude*, une des 90 divisions du quart du méridien terrestre, passant par les deux pôles. — *Degré de longitude*, une des 360 divisions d'un cercle quelconque, parallèle à l'Équateur. — *Les degrés*, dans les liqueurs, servent à indiquer la quantité 0/0 d'alcool contenu dans ces liqueurs. — *Degré de température*, une des divisions du thermomètre.

Denier, ancienne monnaie, qui valait la douzième partie d'un sou.

Densité, rapport entre le poids d'un corps et le poids d'un égal volume d'eau. (Voir 2e *Année d'Arith.*, page 174.)

Devis, détails d'un travail à faire, avec indication des prix par parties.

Dissolution, d'une société, fin volontaire ou forcée de cette société.

Distillée (eau), eau transformée en vapeur, puis refroidie et ramenée ainsi à l'état liquide mais purifiée.

Distiller, réduire les liquides en vapeur, puis les faire repasser à l'état liquide par le refroidissement.

Distillerie, usine où l'on distille.

Dividende, part de bénéfice qui revient à un actionnaire proportionnellement au capital versé par lui.

Douane, administration chargée de percevoir des droits sur certaines marchandises à l'entrée ou à la sortie d'un pays.

Drain, tuyau en terre cuite avec lequel on forme des conduits souterrains destinés à entraîner l'eau en excédent et par conséquent à assainir les terrains humides c'est ce qu'on appelle le *drainage*.

Drap, étoffe de laine tissée.

Eau-de-vie, liqueur alcoolique tirée du vin, du cidre, de la betterave, de la pomme de terre, etc.

Ébrasement, élargissement intérieur d'une baie de porte ou de fenêtre.

Échantillon, morceau d'une étoffe, petite quantité d'un produit, pour en faire connaître la qualité. — Pavés d'*échantillon*, qui ont les dimensions d'un modèle donné.

Échelle décimale ou de proportions, ligne divisée en plusieurs parties représentant des mètres, kilomètres, etc. On place une échelle sur une carte, sur un dessin, pour indiquer le rapport des dimensions de cette carte ou de ce dessin avec les dimensions réelles.

Écheveau, assemblage de fils repliés en plusieurs tours, afin qu'ils ne se mêlent pas.

Écrou, pièce de fer percée avec rayures en spirale, dans laquelle entre une vis; — article spécial à chaque détenu sur le registre d'une prison.

Éditeur, celui qui publie des travaux de librairie.

Égout, conduit pour les eaux; partie inférieure d'un toit.

Élasticité, propriété qu'ont les corps, à des degrés très variables, de revenir à leur première forme après avoir été comprimés.

Empeigne, partie d'une chaussure qui recouvre le pied.

Emplette, achat.

Enregistrement, transcription en abrégé, sur un registre spécial, de toutes sortes d'actes ou contrats entre particuliers. Il y a un bureau d'enregistrement dans chaque canton.

Équarrir, faire 4 faces rectangulaires à une pièce de bois.

Équarrissage, action d'équarrir; se dit aussi de la largeur des côtés d'une pièce équarrie; quand on ne donne qu'une dimension, c'est qu'elle est commune aux quatre côtés.

Équateur, ligne imaginaire qui partage la terre en deux hémisphères, l'hémisphère boréal et l'hémisphère austral.

Exemplaire, chacun des volumes d'une même édition.

Expropriation, prise par l'État d'une propriété, après une indemnité préalable et pour cause d'utilité publique.

Façon d'un terrain, labour, hersage, ou binage; *façon* d'un vêtement, prix demandé pour le faire.

Facteur, employé à la halle, chargé de vendre les marchandises.

Faîtage, pièce de bois transversale qui domine la charpente d'un édifice, et sur laquelle vient s'appuyer l'extrémité supérieure de la couverture d'un toit.

Fécule, substance extraite, comme l'amidon, de divers produits farineux, et particulièrement de la pomme de terre.

Férié (jour), jour de fête, et conséquemment jour de repos.

Feuillette, petit fût d'une contenance d'environ 130 litres.

Fléau, instrument en bois, composé d'un long manche au bout duquel se meut à l'aide d'une courroie, une pièce plus courte avec laquelle on frappe sur les céréales pour faire sortir le grain de l'épi.

Flottaison (ligne de), ligne horizontale marquée par l'eau sur les parois d'un objet qui flotte.

Foncier, qui a rapport à la terre. — *Impôt foncier*, impôt basé sur la quantité et la qualité du terrain possédé.

Fonte, fer non épuré, premier produit de la fonte du minerai de fer.

Fort (prix), prix susceptible d'un rabais ou d'une remise.

Franco, sans frais pour le destinataire, les frais étant payés par l'expéditeur.

Frégate, vaisseau de guerre de 2e ordre.

Fût, tonneau quelconque.

Galvanisé (fer), recouvert d'une couche de zinc, par la galvanoplastie.

Galvanoplastie, art de recouvrir un métal d'une couche d'un autre métal, au moyen de l'électricité.

Garnison, troupe qu'on met dans une place pour la défendre, ou simplement pour y séjourner ; on donne aussi le nom de *garnison* à une ville où il y a des troupes.

Gaz, toute substance aériforme, c'est-à-dire analogue à l'air ; il y a une foule de gaz : gaz hydrogène, oxygène, azote, chlore, etc. ; quand on dit simplement le gaz, cela signifie le gaz d'éclairage ou gaz hydrogène carboné qu'on tire de la houille ou charbon de terrre.

Gond, morceau de fer scellé dans un mur et dont l'extrémité libre sert de support à une porte, ou à un volet.

Grain, ancien poids qui valait la 72e partie du gros, environ 20 centigrammes.

Grégorien (calendrier), le calendrier actuel, ainsi nommé du pape Grégoire XIII, qui le réforma en 1582.

Grisard, arbre qui croît dans les lieux humides, qui a beaucoup de ressemblance avec le peuplier, mais qui est d'une qualité supérieure.

Grosse, 12 douzaines.

Grume, écorce d'un arbre. — Bois en *grume*, bois non équarri.

Guano, engrais formé d'excréments d'oiseaux antédiluviens, qu'on trouve dans certaines îles de la mer du Sud ; le meilleur vient des îles Chinchas, sur les côtes du Pérou.

Hermétiquement, sans aucun jour, sans passage libre, même pour un gaz.

Herser, traîner sur la terre fraîchement labourée une sorte de grand peigne à dents de bois ou de fer nommé herse, pour briser la terre ou enterrer le grain.

Honoraires, ce qui est dû à une personne exerçant une profession libérale, comme un avocat, un notaire, un médecin, etc.

Hourder, maçonner grossièrement.

Huile, liqueur grasse extraite de substances telles que l'olive, la noix, la graine de colza, la navette, etc.

Hydrogène, gaz qui constitue l'eau avec l'oxygène ; entre dans le gaz d'éclairage.

Immerger, plonger dans l'eau.

Immeuble, se dit des maisons, des champs, par opposition aux actions, aux obligations, aux titres de rente, aux animaux, etc., qui sont des biens meubles.

Imposte, partie fixe, ordinairement vitrée, qui surmonte une porte ou une croisée.

Indienne, étoffe de coton à dessins imprimés.

Industriel, celui qui se livre à l'industrie, c'est-à-dire à la transformation des matières premières.

Inhumation, enterrement.

Intrinsèque, ce qui est particulier à une chose : *valeur intrinsèque* d'un objet, valeur de la matière, non compris la main-d'œuvre ; en parlant des matières d'or et d'argent, valeur réelle, sans déduction de la retenue qu'on fait au change des monnaies pour couvrir les frais de fabrication.

Inventaire, détail fait par un officier ministériel, notaire, avoué, huissier, greffier, des objets composant une succession. — État annuel de l'actif et du passif d'un commerçant. (Voir 2e *Année d'Arithmétique*, page 289.)

Issues, se dit des choses de moindre valeur et dont on tire cependant partie. Dans la boucherie, on donne ce nom au sang, aux entrailles et autres débris.

Itinéraire, ce qui concerne les routes : trajet que l'on doit faire.

Ivoire, matière dont sont faites les dents ou défenses de l'éléphant, avec laquelle on fait des objets de toilette, des billes de billard ou de petits objets d'art.

Jauger, mesurer et calculer la contenance d'un fût ou d'un navire.

Jointoyer, remplir avec du mortier ou du plâtre les joints des pierres ou des briques.

Joueur de bourse, qui spécule sur la hausse ou la baisse des valeurs à la Bourse.

Jury, commission chargée soit de décerner des récompenses pour des travaux exposés (*jury d'exposition*), soit de déclarer si un accusé est coupable du crime dont on l'accuse (*jury de cours d'assises*), soit de statuer sur les indemnités à accorder à des propriétaires dépossédés de leurs immeubles pour cause d'utilité publique (*jury d'expropriation*).

Juxtaposé, se dit d'un objet posé à côté d'un autre, sans aucune séparation.

Lambourdes, pièces de bois qui servent à soutenir un parquet, ou sur lesquelles s'appuie le bout des solives.

Laminoir, machine composée de 2 cylindres très rapprochés l'un de l'autre, tournant en sens contraire, et destinée à réduire les métaux en feuilles ou en lames minces.

Latitude d'un lieu, situation de ce lieu par rapport à l'équateur. (Voir degrés.)

Lettre de change. (Voir change.)

Libraire, celui dont le commerce consiste à vendre des livres.

Lie, dépôt qui se forme dans le vin et s'attache aux vases qui le contiennent.

Lieue, ancienne mesure itinéraire. Il y avait la *lieue commune* de 25 au degré, soit 4 444 mètres, la *lieue de poste*, de 2 000 toises *, soit 3 898 mètres ou 4 kilomètres ; la *lieue marine*, de 20 au degré, soit 5 555 mètres. Quand on dit simplement une lieue, c'est de la lieue de poste ou de 4 kilomètres qu'il s'agit. (Voir 2ᵉ *Année d'Arithmétique*, p. 128 et 129.)

Linéaire, en longueur. Mètre linéaire, mètre destiné à mesurer les longueurs. (Voir 2ᵉ *Année d'Arithm.*, p. 126.)

Lingot, morceau de métal fondu qui n'est pas travaillé.

Linteau, pièce de bois ou de fer que l'on place au-dessus d'une baie * pour maintenir la partie de muraille qui est au-dessus.

Livre-poids, ancienne unité de poids assez variable ; la livre de Paris équivalait à 489 gr., se divisait en 2 marcs, le marc en 8 onces, l'once en 8 gros, le gros en 3 deniers et le denier en 24 grains. — *Livre-monnaie*, ou *livre tournois*, ancienne unité de monnaie dont la valeur a beaucoup varié, mais qu'on peut estimer en moyenne à 0 fr. 987 de notre monnaie. Elle se divisait en 20 sous et le sou en 12 deniers. (Voir 2ᵉ *Année d'Arithmétique*, p. 489.)

Livret, petit livre sur lequel sont inscrites les sommes versées à la caisse d'épargne *, et qui reste entre les mains des déposants. — *Livret d'ouvrier*, petit registre dont sont munis la plupart des ouvriers. Ce livret porte les nom et prénoms de l'ouvrier, son âge, le lieu de sa naissance et son signalement. Quand l'ouvrier quitte son patron, ce dernier inscrit le temps pendant lequel l'ouvrier a travaillé chez lui, et mentionne s'il est ou non libre de tout engagement à son égard : mais il ne peut y mettre aucune attestation favorable ou non.

Locomotive, machine à vapeur qui entraîne les trains sur les chemins de fer.

Londres, capitale de l'Angleterre.

Longitude d'un lieu, situation de ce lieu par rapport à un méridien * convenu appelé premier méridien. En France le premier méridien passe par Paris.

Madrid, capitale de l'Espagne.

Madrier, planche très épaisse, morceau de bois équarri.

Main de papier, 20ᵉ partie de la rame, contient 25 feuilles.

Main-d'œuvre, travail de l'ouvrier, prix de ce travail.

Marbre, pierre calcaire très dure employée comme ornementation.

Marengo, village de l'Italie septentrionale, célèbre par la victoire remportée par le général Bonaparte sur les Autrichiens (14 juin 1800)..

Marne, sorte de terre calcaire que l'on met dans les terres argileuses pour les rendre moins compactes.

Martinique, île appartenant à la France, dans les petites Antilles, en Amérique.

Maximum, le plus haut degré auquel une chose puisse arriver.

Mensuel, qui a lieu tous les mois. — *Rétribution mensuelle*, ce que l'on paye pour un mois.

Mercure ou vif argent, métal blanc, très brillant et liquide. — *Mercure*, une des planètes qui tournent autour du soleil.

Méridien, ligne imaginaire de 40 000 000 de mètres de longueur, faisant le tour de la terre en passant par les pôles.

Méteil, mélange de blé et de seigle.

Meule de blé, blé en gerbes entassé dans les champs, l'épi en dedans.

Mobile, corps en mouvement ou susceptible d'être mis en mouvement.

Mondé, nettoyé, épuré.

Net, par opposition à *brut*, se dit du poids des objets sans l'enveloppe, sans la tare, ou d'un prix dont on a déduit tous les frais.

Nice, chef-lieu du département des Alpes-Maritimes.

Notaire, officier ministériel, chargé de recevoir les actes ou contrats qui interviennent entre les particuliers, afin de leur donner un caractère d'authenticité, c'est-à-dire de certitude et de régularité.

Numéraire, monnaie métallique, ou autrement, espèces sonnantes.

Obligation, acte par lequel une personne s'engage au paiement d'une somme. — Titres qu'émettent les Sociétés commerciales ou industrielles, rapportant un intérêt fixe, et remboursables à époques déterminées.

Oxygène, gaz qui, avec l'azote, constitue l'air atmosphérique ; l'oxygène entretient la combustion.

Paroi, se dit de ce qui limite toute cavité ; parois d'une bouteille, d'une cave, d'une chambre, d'un puits, etc.

Parquet, plancher composé de planches supportées par des lambourdes.

Peignage, action de peigner, c'est-à-dire de nettoyer à l'aide d'une sorte de grand peigne les filaments du lin, du chanvre, etc.

Pékin, capitale de la Chine.

Pêne, morceau de fer qui, dans une serrure, est mis en mouvement par la clef pour ouvrir ou fermer.

Penture, barre de fer plate clouée sur une porte ou un volet, dont l'extrémité tourne sur un gond * au moyen d'une douille ou cylindre creux.

Pépiniériste, celui dont le métier est de faire des pépinières, c'est-à-dire des plants d'arbres pour être vendus au public.

Percepteur, fonctionnaire public chargé de percevoir les impôts directs.

Perche, ancienne mesure, 100ᵉ partie d'un arpent *. (Voir Arpent.)

Pérou, république de l'Amérique du Sud ; capitale : Lima.

Pétrole, huile minérale inflammable, qui sert à l'éclairage ; se trouve naturellement dans la terre en certains lieux, surtout près de la mer Caspienne.

Physique, science qui traite des phénomènes généraux de la nature.

Pied', ancienne mesure équivalant au 6e de la toise', soit 0^{m}3248. Le pied se divisait en 12 pouces, le pouce en 12 lignes et la ligne en 12 points.

Pipe, grande futaille, équivalant ordinairement à 2 pièces ou barriques.

Pot, forme de papier dit papier *écolier* de 0^{m}31 sur 0^{m}20 (la feuille pliée).

Préfet, fonctionnaire placé par le gouvernement à la tête d'un département, qu'il administre de concert avec le Conseil de préfecture, dont les membres sont nommés par le gouvernement, et avec le Conseil général, composé d'autant de membres élus qu'il y a de cantons dans le département.

Prime, somme payée annuellement par un assuré à une compagnie d'assurances.

Prorata (au), à proportion, est l'équivalent de *proportionnellement à*...

Purin, liquide, très riche en azote', provenant de l'urine des bestiaux et de l'eau pluviale tombée sur le fumier.

Quintal métrique, poids de 100 kilog.

Raidisseur, instrument qui, au moyen d'une clef, sert à raidir les fils de fer insuffisamment tendus.

Rame, paquet de 500 feuilles de papier, se divise en 20 mains de chacune 25 feuilles.

Receveur particulier des finances, fonctionnaire résidant dans chaque chef-lieu d'arrondissement; il centralise les recettes faites par les percepteurs, sous les ordres du trésorier-payeur qui réside au chef-lieu du département.

Récipient, vase quelconque destiné à recevoir un liquide ou un gaz.

Recoupe, seconde farine tirée du son.

Regain, ce qui repousse dans une prairie naturelle ou artificielle, après la coupe.

Remblai, contraire du déblai, terre apportée pour niveler un terrain.

Remise, rabais fait sur le prix fort d'une marchandise; somme que l'on abandonne à ceux qui sont chargés de faire des recouvrements, comme les percepteurs'.

Remoulage, son provenant d'une seconde mouture du blé.

Rendement, produit d'une terre, effet d'une machine, etc.

Rentier, celui qui a des capitaux placés, ou des immeubles' loués.

Rhubarbe, plante de la famille de l'oseille, dont la racine a des propriétés purgatives.

Riverain, celui qui possède une propriété sur le bord d'un chemin, d'une rivière, d'une forêt, etc.

Robespierre, célèbre membre de la Convention, qu'il domina plusieurs mois par la Terreur, au moyen du Comité de salut public; fut renversé le 9 thermidor an II, et mourut sur l'échafaud.

Roui, part. passé du verbe rouir, qui signifie faire macérer, c'est-à-dire faire tremper dans l'eau du lin, du chanvre, etc., assez longtemps pour que l'écorce se détache facilement.

Sac, enveloppe de toile pour le blé, la farine et autres substances sèches.

Saint-Pétersbourg, capitale de la Russie, à l'embouchure de la Néva.

Saisie, acte par ministère d'huissier' par lequel un créancier s'empare des biens de son débiteur. Ces biens sont ensuite vendus aux enchères et sur le prix de vente on prélève les sommes dues.

Salpêtre, ou nitre, ou azotate de potasse, sorte de sel qui se trouve naturellement sur les murs des maisons basses, des caves, des étables. C'est à cause de ce sel que l'on voit les bestiaux lécher les murs. Employé dans la fabrication de la poudre.

Savon, matière servant à nettoyer le corps, le linge, les habits. Le savon est formé d'un corps gras (huile, suif, etc.), et d'une autre substance telle que la potasse ou la soude.

Scellement, action de fixer une pièce quelconque dans un mur ou dans une pierre; partie de cette pièce qui doit être scellée.

Scieur de long, celui qui scie en longueur des pièces de bois équarries pour en faire des planches ou des madriers.

Semestre, espace de 6 mois.

Semestriel, qui dure 6 mois, ou qui vient tous les 6 mois.

Setier, ancienne mesure de capacité qui se divisait en 12 boisseaux : le setier de Paris équivalait à 156 litres.

Sextuple d'un nombre, un nombre 6 fois plus grand.

Sextupler, rendre 6 fois plus grand.

Solive, pièce de bois équarrie servant à soutenir un plancher.

Sou, ancienne pièce de monnaie; le vingtième de la livre'.

Soufre, substance d'un jaune clair, qui se trouve dans les terrains volcaniques, principalement en Sicile.

Spéculateur, celui qui s'occupe d'opérations de banque, de finances ou de commerce.

Statistique, tableaux de chiffres sur la population d'un Etat, la consommation des denrées, les importations, les exportations, etc.

Sucre, substance d'une saveur très douce, extraite de la betterave, ou de la canne à sucre.

Suif, graisse fondue des animaux de boucherie, avec laquelle on fait la chandelle, la bougie, le savon.

Suint, matière huileuse qui se trouve dans la laine avant le nettoyage.

Tabac, plante originaire d'Amérique, à grandes feuilles, qui pousse dans tous les pays chauds et tempérés. Avec ses feuilles roulées on fait des cigares; hachées, elles forment le tabac à fumer; serrées en corde, elles fournissent le tabac à mâcher; enfin, réduites en poudre, elles deviennent du tabac à priser. La culture et la fabrication du tabac sont réservées à l'Etat.

Tare, poids de l'enveloppe d'une marchandise.

Teillage ou **Tillage**, action d'enlever l'écorce du chanvre.

Testament, écrit par lequel on dispose de ses biens, on déclare ses dernières volontés.

Thermomètre, instrument destiné à mesurer la température de l'air, de l'eau, etc. Il se compose d'un tube étroit et fermé, dans lequel a été introduite une certaine quantité de mercure ou d'alcool. Sous l'influence de la chaleur ou du froid, le liquide intérieur se dilate ou se contracte. Une graduation placée près du tube indique le degré de la température.

Tisserand, celui qui tisse, c'est-à-dire fabrique de l'étoffe, en entrelaçant des fils de chanvre, laine, coton, soie, etc.

Toile, étoffe faite de fils de chanvre ou de lin croisés et entrelacés ; on dit aussi de la toile de coton.

Toise, ancienne mesure, se divisait en 6 pieds". Longueur : 1m949.

Tombereau, sorte de charrette en forme de caisse évasée vers le haut.

Tonne métrique, poids de 1000 kilogrammes, ou 10 quintaux.

Torréfaction, action de torréfier".

Torréfier, griller, exposer à l'action du feu une substance quelconque. — Pour torréfier le café, on en remplit à moitié un cylindre de tôle placé horizontalement au-dessus d'un foyer et on tourne le cylindre au moyen d'une manivelle jusqu'à ce que les grains aient pris une couleur brune.

Tournois (livre). Voir Livre.

Tourteau, résidu d'une graine après qu'on en a extrait le jus. Se dit surtout du résidu des graines oléagineuses.

Traite, effet de commerce tiré (émis) par un commerçant sur son client et payable par ce dernier.

Tranchée, fossé creusé par l'homme.

Treillage, assemblage de lattes, perches, échalas ou fils de fer, de manière à former des carrés ou des losanges, pour soutenir les arbres le long d'un mur, et principalement la vigne ou *treille*.

Trépointe, bande de cuir mince cousue entre deux cuirs plus épais.

Trimestre, espace de trois mois.

Tubercule, renflement charnu qui se produit sur les racines ou les branches souterraines de certaines plantes, et particulièrement de la pomme de terre.

Uniforme, vêtement que doivent porter les soldats d'un même régiment, les élèves d'une même pension, les membres d'une même corporation, etc.

Vasistas, partie mobile d'une fenêtre destinée à donner de l'air.

Vélocipède, sorte de petit véhicule à deux ou trois roues mues par les pieds.

Vénal, qui peut se vendre.

Verger, terrain planté d'arbres fruitiers.

Ver blanc, larve du hanneton, insecte destructeur, ronge les racines des plantes.

Vert (café), café qui n'est pas torréfié".

Vienne, capitale de l'Autriche.

Washington, capitale des États-Unis.

TABLE DES MATIÈRES